AF258587

DÉTAIL

SUR LA NAVIGATION

AUX

CÔTES DE SAINT-DOMINGUE

ET

DANS SES DÉBOUQUEMENS.

A PARIS,

DE L'IMPRIMERIE ROYALE.

M. DCCLXXXVII.

EXTRAIT DES REGISTRES

De l'Académie de Marine.

M.^{rs} DE FLEURIEU & DE BORDA, qui avoient été chargés d'examiner un Ouvrage de M. DE CHASTENET-PUYSÉGUR, intitulé , *Détail fur la Navigation aux côtes de Saint-Domingue & dans fes Débouquemens ,* en ayant fait leur rapport, l'Académie a jugé cet Ouvrage digne de l'impreffion.

A Breft ce fix juillet mil fept cent quatre-vingt-fept.

Signé LE ROY, *Sous fecrétaire.*

DÉTAIL

Sur la navigation aux côtes de Saint-Domingue & dans ses débouquemens.

LA plus sûre direction, pour attérer sur l'île Saint-Domingue, est de se mettre par la latitude de 19^d $20'$ à 19^d $50'$, sans aller jamais plus Nord : à cette route l'on attaquera le cap Cabron ou la côte près du Vieux-cap, & l'on n'aura rien à craindre des haut-fonds de la Caye d'Argent, ni des courans qui portent dans la baie de Samana.

Le cap Samana est assez élevé & coupé à pic à son extrémité : en attérant, on le voit en même temps que le cap Cabron, dont il est éloigné d'environ trois lieues dans le Sud-Est, 6^d Sud du Monde.

Le cap Cabron est plus élevé & plus escarpé que le cap Samana ; la côte est verte & couverte de grands arbres. Depuis le cap Cabron jusqu'au Vieux-cap, la côte forme un grand enfoncement nommé *la baie Écossoise ;* elle est couverte par un recif, jusqu'au pied duquel il y a grand fond ; les terres sont assez basses & ne s'aperçoivent pas de loin : il faut éviter de s'enfoncer dans

A

cette baie, & aller chercher directement le Vieux-cap qui gît dans l'O. N. O, 3^d Nord, à 15 lieues & demie.

La pointe du Vieux-cap est basse & s'alonge en forme de bec de marsouin ; étant à 5 à 6 lieues dans le N. N. O. du cap Cabron, d'un temps clair, on voit le Vieux-cap comme une île détachée, dont les extrémités s'abaissent insensiblement vers la mer. Lors donc que l'on aura reconnu le cap Cabron, étant à environ 4 à 5 lieues dans l'Est de lui, on fera valoir la route le N. O. $\frac{1}{4}$ O, & l'on fera 20 lieues à cette route, pour venir doubler le Vieux-cap dans le Nord, à la distance d'environ 5 lieues; alors on fera valoir la route l'O. $\frac{1}{4}$ N. O. 15 lieues, pour aller reconnoître la pointe du Cafrouge, à environ 3 lieues de distance, & l'on continuera cette même route encore 5 lieues, afin de s'élever au Nord de la pointe Isabellique, qui devra rester alors dans le S. O. $\frac{1}{4}$ O, à la distance de 4 lieues. Rien n'empêche de serrer la côte davantage, si l'on veut, elle est saine jusqu'à demi-lieue.

Étant dans le Nord du Vieux-cap, à environ 4 lieues, on aperçoit la pointe du Vieux-cap vers l'Est, formant un bec de marsouin, & une pointe toute semblable vers l'Ouest, nommée *le cap la Roche ;* il est éloigné de la pointe du Vieux-cap de 3 lieues. La côte entre-deux gît Ouest 5^d Nord, & Est 5^d Sud; elle est basse, un peu escarpée sur le bord de la mer, & couverte d'arbres très-verds.

Vers la pointe du Vieux-cap, on aperçoit une montagne

élevée dans les terres, laquelle peut se voir de 15 lieues d'un temps clair, & servir de reconnoissance pour attérer sur le Vieux-cap.

Du cap la Roche la côte s'enfonce environ 2 lieues, & forme une baie assez profonde, défendue par des recifs, puis la côte court à l'Ouest, & vient en s'élevant vers le Nord jusqu'à la pointe Mascoury, qui gît à l'O. $\frac{1}{4}$ N. O. du cap la Roche. Cette pointe est élevée & saine, elle sert à reconnoître le petit havre de Saint-Yago, éloigné de 3 lieues de Porte-plate.

Porte-plate éloigné de 15 lieues dans l'O. $\frac{1}{4}$ N. O. de la pointe du Vieux-cap, est reconnoissable de loin par une montagne élevée à quelque distance dans les terres, & qui paroît isolée à peu-près comme la Grange, mais non pas d'une façon aussi marquée. Ce mouillage est bon, l'entrée du port est fermée par des îlots de mangles qu'il faut ranger en les laissant à bâbord. En dedans de ces îlots on laisse tomber l'ancre par 17 à 20 brasses bon fond.

En approchant de la côte, on voit dans l'Ouest un gros cap fort élevé & taillé à pic, qui est la pointe du Casrouge & qui est très-reconnoissable par sa grosseur.

La côte, dans l'enfoncement, depuis Porte-plate jusqu'à la pointe du Casrouge, est bordée de recifs très-près de terre & n'offre point de mouillage.

Le Vieux-cap & la grosse pointe du Casrouge gisent Ouest, 18^d Nord & Est, 18^d Sud, 17 lieues. Étant

Nord & Sud du Cafrouge, environ 3 lieues, on voit une pointe baffe qui s'alonge dans l'Oueft, & qui eft reconnoiffable en ce qu'elle fe détache de la côte, de la même manière que fi elle formoit une île.

C'eft la pointe Ifabellique, laquelle eft la plus Nord de toute l'île Saint-Domingue : elle gît avec le gros Cafrouge Oueft, 7ᵈ Nord & Eft, 7ᵈ Sud, à la diftance de 7 lieues.

Entre ces deux pointes il y a un grand enfoncement appelé *Port-Cavaille;* enfuite vient la pointe Ifabellique qui forme un enfoncement dans l'Eft, où il y a mouillage à l'abri des recifs, pour des bâtimens tirant 12 à 13 pieds d'eau.

On vient chercher le mouillage en accoftant les recifs, & les fuivant jufqu'à l'entrée de la paffe, qu'il eft très-facile de reconnoître.

A l'Oueft de la pointe Ifabellique, on trouve un mouillage affez étendu & plus facile à prendre que celui de l'Eft; mais le fond n'eft pas par-tout bien net, il y a 5 & 7 braffes.

De la pointe Ifabellique à la Grange, il y a 10 lieues, leur gifement eft Oueft, 10ᵈ Sud, & Eft 10ᵈ Nord.

Étant arrivé à 4 lieues dans le N. E. $\frac{1}{4}$ E. de la pointe Ifabellique, ainfi qu'il eft dit ci-deffus, fi l'on veut paffer au large du haut-fond de la Grange, on fera valoir la route l'Oueft, quelques degrés Nord; ayant fait 12 lieues à cette route, on fe trouvera Nord & Sud du haut-fond,

(5)

à la diftance de 2 lieues dans le Nord. Si l'on vouloit paffer à terre du haut-fond à mi-canal, il faudroit gouverner un peu au large de la Grange, ou faire valoir la route l'O. $\frac{1}{4}$ S. O. 2^d Sud; ayant fait 12 lieues, on aura le haut-fond dans le Nord, à la diftance d'une lieue environ.

La côte entre-deux eft bordée de recifs qui ne laiffent que des paffages étroits & très-difficiles.

Dans l'Oueft de la pointe Ifabellique, eft la pointe la Roche, à l'Oueft de laquelle eft un mouillage pour de grands bâtimens; mais il ne pourroit fervir que dans un cas forcé, c'eft un mauvais mouillage.

Pour aller prendre ce mouillage, il faut ranger de très-près, fous le vent, la pointe de la Roche, & mouiller auffitôt que la fonde rapporte 12 braffes fur des fonds blancs.

Ce mouillage, où l'on eft à l'abri des vents par les recifs qui font dans le N. N. O. de la pointe la Roche, eft à 3 lieues de la pointe Ifabellique.

La pointe de la Grange eft reconnoiffable par la montagne qui porte ce nom, & que l'on voit de loin fans apercevoir les côtes de la mer.

C'eft une montagne ifolée, fituée fur une prefqu'île, formée par des terres baffes, & qui a réellement la forme du toit d'une grange ou d'une maifon.

On peut l'approcher dans fa partie du Nord au Nord-Oueft, à moins d'un quart de lieue.

Il y a dans la partie du N. N. E, à 2 lieues, un fond blanc qui n'a pas plus de deux encablures d'étendue en tout fens, fur lequel il y a un endroit très-petit, où l'on ne trouve pas plus de 25 pieds d'eau; fort près il n'y a pas moins de 6 braffes, puis 10 & 15 braffes, & le fond manque fubitement.

Le vaiffeau *la ville de Paris*, y a touché en 1781.

Les fonds blancs font toujours femés de roches, qui quelquefois s'élèvent beaucoup au-deffus du fond; ainfi l'on ne peut affurer pofitivement s'il n'y a pas quelque point où il puiffe y avoir moins de 25 pieds.

On trouvera ce haut-fond en relevant la montagne de la Grange au Sud, 20^d Oueft du Monde, & voyant en même temps les îlots de Monte-Chrift ouverts l'un de l'autre, le plus Oueft reftant au Sud, 30^d Oueft du Monde.

Les grands bâtimens doivent accofter de très-près la Grange, ou s'en tenir affez loin pour ne pouvoir bien diftinguer de deffus le gaillard l'ouverture des deux îlots de Monte-Chrift, qui font à l'Oueft de la Grange: alors ils feront à une diftance telle, qu'ils n'auront rien à craindre de ce haut-fond.

On peut venir mouiller fous la Grange; le mouillage eft peu étendu, mais facile à prendre en rangeant les îlots de Monte-Chrift, & venant jeter l'ancre dans le Sud de l'îlet le plus Oueft, auffitôt que la fonde rapporte 6 braffes.

On peut mouiller plus en dedans par les 4 brasses.

De la Grange on peut voir les montagnes au-dessus du cap.

Lorsqu'on est environ 2 lieues dans le Nord de la Grange, pour éviter absolument les haut-fonds de l'îlet de Sable, l'un des sept Frères, il faut faire valoir la route l'O. & O. $\frac{1}{4}$ S. O. 3 à 4 lieues ; ensuite l'on peut venir de deux quarts plus au Sud, pour aller chercher le morne Picolet, sur lequel on doit gouverner dès qu'on peut le distinguer.

Il gît avec la Grange Est 15^d Nord, & Ouest 15^d Sud du Monde.

On trouve dans l'Ouest, en quittant la Grange, les sept Frères, qui font des îlots bas & couverts de mangles.

On peut passer entr'eux & la côte de Saint-Domingue, pour aller à la baie de Mancenille ; mais le passage est étroit & peu profond.

Il y a aussi des passages entre ces îlots, mais ce font des fonds blancs qui, toujours fort inégaux, deviennent par-là dangereux.

En doublant l'îlot le plus à l'Ouest, qui porte un haut-fond blanc à demi-lieue de lui dans l'O. N. O. on aperçoit la pointe d'Icague qui forme l'entrée de la baie Mancenille.

En partant de la Grange, environ une lieue dans le Nord, pour venir chercher la baie Mancenille, il faut faire valoir la route l'Ouest, 9^d Sud.

On vient ranger le haut-fond de l'îlet de Sable ; il n'y a pas moins de 6 brasses sur ses accords.

On arrondit ensuite l'îlet à une demi-lieue au plus, & l'on fait route à venir ranger de très-près la pointe d'Icague, qui est une pointe basse & couverte d'arbres ; on va mouiller ensuite aussi en dedans que l'on veut par 8 à 10 brasses.

Le fond est bon & net dans la baie.

De la baie Mancenille à l'entrée de la baie du Fort-Dauphin, il y a 2 lieues dans le S. O. $\frac{1}{4}$ O.

Toute la côte est saine & la mer nette ; les fonds blancs à la côte se voient très-distinctement.

Du Fort-Dauphin au Cap, la côte est bordée d'un fond très-blanc, entouré d'un recif, au pied duquel il y a grande eau.

Ces recifs laissent quelques passes, par lesquelles on peut bien pénétrer au milieu des fonds blancs, & venir mouiller devant la grande terre ; mais ces passages sont tellement barrés de haut-fonds & de recifs, qu'il est bien difficile, pour ne pas dire impossible, de venir les chercher sans un Pilote qui les connoisse parfaitement.

La passe de Caracol est la moins difficile, & la seule par où l'on puisse réellement approcher la terre : il y a un four à chaux qui sert de remarque.

L'entrée de la passe est assez grande, & l'absence du fond blanc la montre assez ; mais on ne doit s'y risquer que dans un cas forcé.

Au

(9)

Au reste, dès qu'on aura dépassé les fonds blancs ,
il faut mouiller, car le fond s'élève subitement en approchant de la côte.

Un bâtiment tirant plus de 14 pieds d'eau ; risque-
roit beaucoup s'il se hasardoit en dedans de ces recifs.

La ville du Cap est sous la montagne de Picolet.

On ne peut courir aucun risque de s'approcher de
la pointe Picolet, en la relevant depuis le S. S. O.
jusqu'au S. S. E. L'on peut avec de la brise, attendre
le Pilote aussi près de terre qu'on le jugera convenable. Si l'on se trouvoit forcé d'entrer sans attendre
le Pilote, il faut venir chercher la pointe de Picolet,
ayant le cap au Sud ou au S. S. O, & la ranger à
distance d'une petite portée de fusil; alors on aura
connoissance d'un pavillon blanc placé sur le Nord
d'un recif; on fera valoir la route le S. E. & S. E. $\frac{1}{4}$ E,
laissant le pavillon blanc à bâbord, & ayant attention
de conserver de la voile, afin de mieux serrer le vent,
s'il est nécessaire, pour doubler un pavillon rouge que
l'on apercevra bientôt après, & qu'il faut laisser sur
tribord, à environ une demi-encablure : étant par le
travers de ce pavillon rouge, on mettra le cap sur la
ville où l'on viendra prendre le mouillage.

Du morne Picolet en allant vers l'Ouest, la côte
court dans l'Ouest une lieue & demie ; elle n'offre aucun
abri jusqu'à la pointe Honorat, qui forme l'entrée
du port François.

B

Elle porte un petit recif qui s'éloigne au plus à 100 toifes dans l'Oueft, & au pied duquel on trouve 3 braffes.

On range cette pointe, & après avoir couru deux encablures dans le S. S. E, on laiffe tomber l'ancre par 8 à 10 braffes, fable vafeux, ayant le fort à l'E. S. E du Monde, à environ une encablure & demie de terre.

Ce port eft très-petit, & n'a pas plus de 400 toifes d'ouverture de la pointe du Nord à la pointe du Sud.

Le fond y eft bon. on y eft tranquille par les fortes brifes, & c'eft un bon abri à prendre lorfque quel-qu'orage empêcheroit d'entrer au Cap; toute frégate peut d'ailleurs s'y réfugier en cas de forces fupérieures.

La pointe du Sud eft couverte de recifs qui s'éten-dent jufqu'à l'entrée de la baie de l'Accul & le long de la côte, fans laiffer aucun paffage praticable.

En allant à l'Oueft, la côte s'enfonce confidérable-ment pour former l'entrée de la grande baie de l'Accul.

La baie de l'Accul eft très-étendue; l'îlet à Rats & un îlet de Sable qui termine la chaîne des recifs depuis le port François, en ferme l'entrée dans la partie du Nord & du N. E. La partie du N. N. O. eft fermée par des brifans & des haut-fonds qui ne laiffent entr'eux que des paffages difficiles & très-étroits.

L'îlet à Rats eft à une lieue & deux tiers du port François, dans l'Oueft 2^d Sud; en forte que l'entrée de la baie de l'Accul eft à 3 lieues & un tiers du morne Picolet.

On ne peut venir chercher la baie de l'Accul du port François, qu'après s'être affez élevé dans le Nord pour doubler un haut-fond blanc où il n'y a que 4 braffes en certains endroits.

Venant de l'Eft ou du Nord pour entrer à la baie de l'Accul, il faut venir chercher l'îlet à Rats ou l'îlet de Sable, faifant valoir la route le S. S. O.

Lorfqu'on eft à une lieue de l'îlet de Sable, on aperçoit clairement la pointe des Trois-maries, & en approchant on peut apercevoir, dans l'enfoncement de la baie, une pointe baffe fur laquelle eft une groffe touffe d'arbres appelée *la pointe Abely*.

En tenant les îlots des Trois-maries, proche la groffe pointe de ce nom, fermée par la touffe d'arbres, & fondant par 10 braffes, venant fur ftribord, ou bâbord un peu lorfque le fond diminue, on eft dans le chenal, lequel n'a pas plus d'une encablure de large; mais il n'y a pas moins de 10 braffes d'eau fond de vafe: des deux côtés font des fonds blancs, fur lefquels on ne trouve pas moins de 4 braffes, en n'entrant pas trop deffus.

Dès que l'on a parcouru, étant dans la paffe, deux encablures, le chenal s'élargit, & lorfqu'on a amené l'îlet de Sable, qu'on laiffe à bâbord, à l'E. $\frac{1}{4}$ S. E. du Monde, on peut ranger les recifs de l'Oueft, au pied defquels on trouve 6 braffes.

On continue à courir fur la pointe des Trois-maries,

jufqu'à amener l'îlet à Rats qu'on a laiffé à ftribord au
N. O, & l'on peut mouiller alors par 14 & 18 braffes
d'eau; tous les haut-fonds qui font en-dedans, mar-
quent & font très-vifibles.

La paffe du milieu paroît plus étroite que celle de
l'îlet de Sable, mais elle ne l'eft réellement pas, y
ayant 10 & 12 braffes fond de vafe à toucher les
recifs, lefquels font tous très-vifibles.

On vient chercher la paffe du milieu ou de l'îlet à
Rats, en tenant l'îlet à Rats au Sud & S. $\frac{1}{4}$ S. E. du
Monde. En approchant on découvre la pointe des Trois-
maries, alors il faut ouvrir dans l'Oueft cette pointe
par l'îlet à Rats & faire route ainfi la fonde à la main,
en fe tenant toujours au moins par 9 braffes.

Lorfque l'on eft à un quart de lieue de l'îlet à Rats,
il faut venir au S. E, en paffant à une encablure au plus
de deux recifs qu'on laiffe à bâbord, lefquels il faut
ranger autant qu'il eft poffible, pour éviter celui qui eft
à la pointe Eft de l'îlet à Rats, & qu'il faut laiffer à
ftribord; au refte tous ces dangers veillent.

Ayant couru au S. E. 2 encablures, on eft en
dedans & l'on peut gouverner fur la pointe des Trois-
maries.

Si l'on vouloit fortir par cette paffe, il faut, après avoir
doublé le recif qui tient à l'îlet à Rats, étant dans la
paffe, mettre le Cap entre la pointe du Limbé & l'île de
la Tortue, & courir ainfi jufqu'à ce qu'on ait amené

(13)

l'îlet à Rats, ouvert dans l'Eſt de ſa grandeur, par la
pointe des Trois-maries, alors faire valoir la route
le N. O.

On ne trouve pas moins de 9 braſſes dans tout le
chenal, & ſouvent 15 à 16 braſſes.

Cette paſſe eſt plus facile & plus courte que la pre-
mière ; d'ailleurs ſi l'on étoit coiffé, on peut mouiller
ſur le champ, le fond eſt d'une vaſe dure qui eſt
d'une bonne tenue, & la mer y eſt très-belle des vents
de briſes.

La troiſième paſſe ou paſſe de Limbé eſt la plus belle
& la plus grande, puiſque l'on peut y louvoyer.

Elle eſt entre la côte de l'île Saint-Domingue &
la ſuite des briſans qui ſont à l'Oueſt de l'îlet à Rats,
leſquels s'étendent juſqu'à demi-lieue de la pointe
d'Icague.

Pour venir chercher cette paſſe, il faut courir vers
l'îlet du Limbé, juſqu'à mettre la pointe d'Icague au
Sud.

Elle eſt reconnoiſſable par les roches à pic qui la
forment, & en ce qu'elle eſt la ſeule pointe élevée qui
s'aperçoive depuis le Limbé.

Venant vers l'Eſt, en approchant de cette pointe,
le Cap au Sud du Monde, on aura connoiſſance d'un
briſant conſidérable, appelé *Coque-vieille*, au pied duquel
il y a 5 braſſes.

(14)

On paſſera à mi-canal entre ce briſant & la pointe d'Icague, par 10 & 15 braſſes, gouvernant au S. E.

On mettra le Cap enſuite ſur le Morne-rouge, & l'on viendra par lès 12 & 15 braſſes prendre mouillage à l'Oueſt de la pointe des Trois-maries.

Si l'on étoit dans le cas de louvoyer dans cette paſſe, il faudroit ne pas craindre d'approcher trop les briſans, au pied deſquels il y a de l'eau.

A la côte il y a grande eau, & on peut l'accoſter à une encablure.

La pointe baſſe du grand Boucan qui a des briſans qui veillent, & au pied deſquels il y a 8 & 10 braſſes, n'eſt pas à craindre.

Une fois que l'on a amené cette pointe du grand Boucan, au S. S. O. du compas, on eſt en dedans & l'on peut mouiller par-tout.

Si l'on veut s'enfoncer dans la baie, il faut, après avoir dépaſſé la pointe des Trois-maries, mettre le Cap ſur le Morne-rouge, & venir le ranger à une demi-encablure, y ayant un haut-fond entre ce Morne & la pointe Abely qui eſt vis-à-vis.

Après avoir paſſé le Morne-rouge, l'on voit la baie Lombard, dans laquelle l'on peut aller prendre mouillage auſſi près de terre que l'on veut, par 7 braſſes fond de vaſe.

En ſuivant cette route, on trouvera dans toute la baie de 10 à 15 braſſes fond de vaſe.

(15)

Il y a un petit haut-fond très-peu étendu, & par-là
fort difficile à trouver, qui est à environ un demi
mille des roches des Trois-maries, dans le Sud Sud-
ouest du Monde ; mais on l'évitera toujours en ne se
mettant pas trop vîte dans le Sud des Trois-maries,
& courant sur la pointe Abély, à peu-près vers le
milieu de la rade, puis on fera route sur le Morne-
rouge.

Cette baie est une très-bonne retraite en temps de
guerre, pour des frégates & même des vaisseaux.

L'eau y est difficile à faire, mais on parviendroit
sans grands travaux à la rendre facile ; elle est très-claire
au four à chaux, dans la baie au Nord du Morne-
rouge.

Il ne faut pas vouloir s'enfoncer dans la baie plus
loin que la pointe Lombard qui est au Sud du Morne-
rouge, il y a des haut-fonds qui s'élèvent subitement.

Depuis la baie de l'Accul, la côte remonte dans
l'O. N. O. jusqu'à l'îlet du Limbé, puis à celui de
Margot.

Ce dernier est plus détaché de la terre & a une
forme ronde.

Il peut servir de reconnoissance pour venir chercher
l'anse à Chouchoux, qui n'en est éloignée que de deux
milles dans l'Ouest.

L'anse à Chouchoux est à 4 lieues & demie du

Morne-au-diable , qui forme l'entrée du port François, & à 6 lieues de Picolet, dans l'O. 8ᵈ Nord du Monde.

Le fond est bon dans toute la baie où il n'y a pas moins de 6 brasses, & 7 vers le milieu.

Il faut ranger de très-près la pointe de l'Est, où il y a 6 brasses à toucher terre.

Dès que l'on est en dedans, on laisse tomber l'ancre en venant au vent, car presque aussitôt on est coiffé par le retour du vent & le calme qui règne dans cette baie, quoique la brise soit très-forte au large.

Une frégate pourroit s'enfoncer & venir mouiller par 5 brasses à l'Ouest de deux petites maisons que l'on aperçoit en doublant la pointe de l'Est.

On peut de loin reconnoître l'entrée de la baie de l'anse à Chouchoux, d'abord par le gros îlot rond du port Margot, ainsi qu'il a été dit, mais aussi par une grande raie blanche descendant le long d'une côte à pic, laquelle est à une demi-lieue dans l'Ouest de l'entrée.

A l'Ouest de l'anse à Chouchoux, est une petite anse appelée *la Rivière salée,* mais qui ne seroit propre que pour de petites corvettes.

De l'anse à Chouchoux, la côte court à l'Ouest, 28ᵈ Nord une lieue un tiers jusqu'à la baie du fond la Grange, située à l'Est de la pointe à Palmiste, reconnoissable par une chaîne de recifs qui s'étendent à une petite lieue, presque jusqu'à la grosse pointe d'Icague.

Le fond de la Grange est une bonne baie, même

pour

(17)

pour un vaiſſeau dans un beſoin; elle eſt petite, mais
le fond eſt bon par-tout, & n'a pas moins de 6 braſſes
très-près de terre.

On n'y eſt pas auſſi à l'abri que dans l'anſe à
Chouchoux.

Pour y entrer, il faut ranger la pointe de l'Eſt, &
jeter l'ancre vers le milieu de la baie, par 7 braſſes,
fond de ſable vaſeux.

A une petite lieue de cette baie, eſt la pointe d'Icague,
laquelle eſt arrondie & formée par pluſieurs autres pointes.

Il ne faut pas s'approcher de trop près de la côte à
l'Eſt de la pointe d'Icague, à cauſe des roches qui ſont
ſous l'eau, à l'extrémité de la pointe à Palmiſte, qui
viennent preſque juſqu'à celle d'Icague.

Ces haut-fonds s'étendent juſqu'à une demi-lieue
au large.

De la pointe d'Icague, la côte court à l'Oueſt, 14^d
Nord du Monde, deux lieues deux tiers juſqu'à la pointe
du Carénage du port de Paix, laquelle eſt la plus Nord
de toute cette partie de la côte; on la prend ſouvent
de loin pour la pointe d'Icague. Toute cette partie eſt
très-ſaine.

C'eſt à la pointe d'Icague que commence le canal
de la Tortue; il finit Nord & Sud, à peu-près, de la
baie Mouſtique.

Vers la pointe du Carénage, eſt l'endroit le plus
étroit.

C

Ce canal eft bon & fain, on peut y louvoyer faci-lement ; & c'eft en général un grand avantage, lorfque les courans remontent, de paffer par ce canal, lorfqu'on veut aller au vent de l'île.

La Tortue a fix lieues de long & une lieue de large ; elle eft médiocrement élevée ; toute fa partie du Nord eft une côte de Fer abfolument acore : au Sud de la pointe Oueft, eft une anfe de fable, devant laquelle il y a bon mouillage ; la côte du Sud eft prefque par-tout bordée de fonds blancs entourés de recifs.

On peut mouiller devant quelques baraques, vers le milieu de l'île, à l'endroit nommé *la Vallée*.

Le feul bon mouillage pour des bâtimens tirans 14 à 16 pieds d'eau, eft celui de la Baffe-terre, en dedans des recifs, à une lieue & demie de la pointe Eft ; la paffe eft étroite, mais facile ; il faut ferrer les recifs du vent, les laiffant à ftribord, le Cap au N. N. O. & au Nord pour doubler ceux qu'on laiffe à bâbord, fans craindre d'approcher la terre ; & auffitôt que l'on a les recifs de deffous le vent au S. O. environ, on peut laiffer tomber l'ancre par un bon fond.

De plus gros bâtimens peuvent venir mouiller en dehors des recifs, environ un mille fous le vent de la Baffe-terre, fur des fonds blancs.

Plus à l'Eft que la Baffe-terre, vers la pointe Por-tugal, il y a des anfes où des bateaux ou goëlettes peuvent mouiller, mais qui ne font pas praticables pour de plus grands bâtimens.

Le canal entre cette île & Saint-Domingue, a, dans fa partie Eft, deux lieues un quart ; à l'endroit le plus étroit, vis-à-vis la pointe du Carénage, deux lieues, puis il s'élargit auffitôt à deux lieües & demie & trois lieues. Il faut, en y louvoyant, tâcher toujours d'accofter les deux côtés, où l'on peut venir virer à moins d'un mille de diftance ; tous les dangers font hors de l'eau & vifibles ; le courant près des côtes eft plus fort & le vent y adonne : au milieu le vent & le courant ne font plus auffi avanta- geux ; il y a des temps où les courans font affez forts pour que l'on éprouve, au milieu du canal, un courant oppofé, & pour y voir un remoux affez confidérable.

Comme les côtes de chaque côté du canal forment quelques enfoncemens, la direction des courans n'eft pas uniforme & directe, & l'on en voit les lits qui fe croifent en cent façons différentes.

Lorfqu'il arrive que les courans portent bas ou à l'Oueft, ce qui eft rare, & n'arrive que dans les temps d'été, ils font très-forts dans ce canal, & ce feroit folie que de vouloir y louvoyer : il faut s'élever alors au Nord de la Tortue, à 6 ou 7 lieues, & l'on remon- tera facilement.

De la pointe du Carénage, la côte court deux milles jufqu'à la pointe du Fort du port de Paix, laquelle porte un recif, une encablure au large, au pied duquel il a 13 braffes d'eau.

Le fond eft confidérable au mouillage du port de Paix, & la baie eft très-petite.

On peut venir mouiller vers la partie Nord de la ville, par les 12 à 13 braffes, fond de fable vafeux, à une encablure & demie de terre.

Depuis le port de Paix, la côte court à l'Oueft du Monde, dans une direction prefque droite, & c'eft prefque tout côte de Fer jufqu'à la baie Mouftique, qui eft éloignée du port de Paix de 4 lieues; la côte eft très-faine & acore.

La baie Mouftique, quoique très-petite, peut dans un befoin fervir d'afyle à un vaiffeau ; il y a une batterie fur la pointe de l'Eft, il faut la ranger en entrant, la laiffant à bâbord, & dès qu'elle eft doublée dans le Sud, jeter l'ancre en accoftant la côte à une encablure & demie, par 12 & 15 braffes.

Le fond de cette baie eft très-inégal & femé de roches en quelques endroits ; en d'autres le fond eft excellent.

Il ne faut pas mouiller fans avoir eu le fond, car à l'entrée de la baie il n'y a pas de fond à 40 braffes : il faut avoir la batterie au moins au N. N. E. du Monde.

La pointe de l'Oueft porte un haut-fond à près d'une encablure dans la baie.

De la baie Mouſtique, la côte court une lieue &
demie à l'Oueſt, toute côte de Fer & acore juſqu'au
port à l'Écu.

Le port à l'Écu eſt un meilleur mouillage que la
baie Mouſtique, mais il eſt moins facile à prendre pour
un bâtiment un peu grand; l'entrée eſt plus étroite à
cauſe d'un recif & haut-fond ſur lequel il n'y a que 3
braſſes, & qui s'étend à 2 encablures de la pointe de
l'Eſt, en l'entourant juſqu'au dedans de la baie.

Pour venir prendre ce mouillage, il faut, après avoir
donné du tour à la pointe de l'Eſt qu'on laiſſe à
bâbord, venir tout au vent, en rangeant les recifs de
l'Eſt, & laiſſer tomber l'ancre par 8 & 10 braſſes,
fond de vaſe, vers le milieu de la baie, la maiſon
reſtant au S. S. O. du Monde.

On peut auſſi s'enfoncer davantage juſque par 4
braſſes, du côté de la maiſon vers le fond de la baie.

La côte du Sud-oueſt eſt ſaine & acore, il y a de
l'eau juſqu'au pied du fond blanc tout près de la côte.

Du port à l'Écu, la côte court à l'Oueſt 5ᵈ Nord,
2 lieues & demie juſqu'à la pointe du Petit-jean-rabel;
2 milles plus dans l'Eſt eſt la pointe Jean-rabel, qui
forme l'entrée du mouillage de ce nom.

Le mouillage de Jean-rabel eſt bon & ſûr; il eſt
facile à prendre en ne craignant pas d'accoſter de trop
près les recifs de la terre à l'Eſt, au pied deſquels il
y a 10 braſſes d'eau.

Le mouillage pour les grands bâtimens, eſt par 12 à 15 braſſes d'eau, à 2 encablures des briſans de l'Eſt, ayant attention de ne pas fermer les 2 pointes de ce côté, alors on eſt mouillé par 15 braſſes, fond de vaſe.

On peut mouiller plus en dedans, mais il ne faut pas aller chercher moins de 8 & 10 braſſes, parce que le fond s'élève ſubitement, & n'eſt pas bien net.

Le débarcadaire eſt aſſez facile, même avec de la houle, au-deſſous de la batterie.

C'eſt une excellente retraite contre l'ennemi, la batterie paroît très-bien placée.

On ne peut craindre à ce mouillage que les vents de Nord & de N. O; au reſte, la tenue eſt excellente.

Dans le N. O. de la pointe de Jean-rabel, découvrant la moitié de l'île de la Tortue, par cette pointe, étant à une petite lieue de terre, on trouve 60 braſſes, fond de vaſe, courant à cette diſtance de terre ; à une lieue, le fond augmente juſqu'à 80 braſſes.

De Jean-rabel, la côte forme un grand enfoncement dans le Sud, juſqu'à la pointe de la preſqu'île qui eſt dans l'O. S. O. à 4 lieues un tiers ; toute cette côte eſt de roches & n'offre aucun abri.

En tout temps, les courans ſont très-ſenſibles auprès de cette côte, ils portent à terre ; à 2 lieues au large ils ſont moins ſenſibles, & portent ordinairement au N. E.

En approchant de la prefqu'île, ils deviennent plus violens & portent au Nord.

La pointe Oueft de cette prefqu'île, forme l'entrée Nord de la baie du mole Saint - Nicolas.

La baie du mole Saint - Nicolas eft grande & fpacieufe à l'entrée; elle fe rétrécit en allant vers la ville, que l'on aperçoit dès qu'on a doublé le cap Saint-Nicolas.

On peut approcher la terre des deux côtés; cependant, en louvoyant, il eft bon de ne pas virer auffi près de la côte du Sud que de celle du Nord, parce que, fi l'on manquoit à virer vent devant, il faut avoir de quoi arriver vent arrière, n'y ayant aucun moyen de mouiller, à caufe de la profondeur de l'eau; tandis qu'à la côte du Nord, il y a mouillage par-tout, à la vérité fort près de la côte.

On vient prendre le mouillage devant la ville, fous le corps des Cafernes, par 15 à 18 braffes, fond de fable.

Il faut, en entrant, veiller les rifées, qui quelquefois tombent avec affez de force pour faire craindre de caffer les mâts.

En fortant de la baie du mole Saint-Nicolas, on voit dans le Sud la pointe du mole qui en forme l'entrée : à deux mille au Sud on aperçoit le Cap-à-foux; il eft à l'extrémité Oueft d'une groffe pointe qui

(24)

va en s'arrondiffant dans le S. S. E. pendant 2 lieues un tiers, jufqu'à la pointe à Perles.

On reconnoît le Cap-à-foux à une petite roche qui eft à fon extrémité; la côte eft à pic, fans abri.

On y eft pour l'ordinaire en calme; les courans près de terre portent au Nord, & deux lieues au large à Oueft & O. S. O.

Depuis la pointe la Perle, la côte court au S. E. une lieue, enfuite à l'E. S. E. l'efpace de trois lieues & demie jufqu'à la pointe de la Plate-forme.

Cette pointe eft reconnoiffable, tant à caufe de fa forme aplatie, que parce qu'elle eft la pointe la plus au Sud de cette partie; on peut y mouiller en venant jeter l'ancre devant une anfe de fable, au fond de laquelle on aperçoit quelques maifons.

On mouille près de terre, par 8 & 10 braffes, fur un fond d'herbes.

Depuis la pointe de la Plate-forme jufqu'à la pointe la Pierre, qui forme l'entrée Oueft des Gonaïves, la côte s'enfonce vers le Nord environ deux lieues, en s'arrondiffant jufqu'au port à Piment, où elle revient dans le Sud, pour aller rejoindre la pointe la Pierre.

Cette pointe élevée & efcarpée, gît avec la pointe de la Plate-forme, Eft 18^d Sud, & Oueft 18^d Nord du Monde, diftance de dix lieues & demie.

Toute cette côte eft faine & peut fe ranger de près,

il y

il y a mouillage à la baie d'Hêne & au port à Piment pour de grands bâtimens, mais ces endroits ne font bons que dans des cas de néceffité ; dans le temps de l'hivernage, il y a prefque tous les foirs des orages, qui font quelquefois violens, venant de la partie du S. E, ce qui fait que lorfque l'on n'a pas affaire directement fur ces côtes, il vaut mieux s'en tenir à deux ou trois lieues, afin de pouvoir de tous vents s'élever dans l'Oueft.

La baie des Gonaïves eft grande & belle, le mouillage excellent, l'entrée très-facile.

On range la côte du Nord à une demi-lieue ou deux milles, courant à l'Eft quelques degrés Nord, & l'on vient mouiller par 6 ou 10 braffes, fond de vafe.

On trouve dès l'entrée, fous la pointe des Gonaïves, qui eft une pointe baffe à un mille dans l'Eft de la pointe la Pierre, 15 & 12 braffes ; le fond diminue à mefure que l'on entre dans la baie ; étant à une bonne demi-lieue de terre & deux milles du débarcadaire, on trouve 6 braffes.

Après avoir doublé la pointe des Gonaïves, la laiffant à bâbord en entrant, on aperçoit le fort Caftries qu'il ne faut pas trop approcher, à caufe d'une caye qui eft à près d'un mille dans le Sud de la pointe fur laquelle eft ce Fort.

D

De la pointe la Pierre au cap Saint-Marc, il y a
8 lieues; ces deux pointes gisent S. ¼ S. O. & N. ¼ N. E.
c'est aussi la direction de la côte.

Une lieue au Nord de la baie Saint-Marc, est une
pointe basse qui paroît de loin comme une île; elle
forme un cap qui s'avance un mille à l'Ouest du gise-
ment donné ci-dessus; elle se nomme *la pointe du Morne-
au-Diable,* & peut servir à faire reconnoître l'embouchure de la rivière de l'Artibonite qui se jette dans la
mer deux milles au Nord de cette pointe.

Il y a mouillage le long de cette côte, mais pour
de petits bâtimens.

Le cap Saint-Marc est haut & de forme arrondie;
on voit de très-loin un morne qui le forme, & qui
n'est éloigné que d'un mille du bord de la mer.

L'ouverture de la baie de Saint-Marc, est au Nord
de ce cap; elle a une lieue de profondeur, le fond y
est considérable, on vient mouiller au fond de la baie
sous la ville, par 15 à 18 brasses. Les petits bâtimens
peuvent mouiller par un brassiage moins considérable,
& alors ils sont très-près de terre.

La pointe de la Plate-forme dans le Nord; la côte,
depuis les Gonaïves jusqu'au cap Saint-Marc dans l'Est,
& la côte Nord de l'île de la Gonaïve dans le Sud,
forment le golfe des Gonaïves.

Le cap Saint-Marc en est la pointe la plus Sud, &

forme avec la pointe du N. E. de la Gonave, l'entrée du canal de Saint-Marc.

Lorfqu'après avoir doublé le Cap-à-foux, étant à l'Ouest de la pointe la Perle, environ deux lieues, on veut venir à Saint-Marc ou aller au Port-au-Prince, il faut venir chercher le canal de Saint-Marc, & faire valoir la route le S. E.

Ayant fait 16 lieues, on est Est & Ouest du cap Saint-Marc à l'entré du canal, & l'on peut faire route à l'Est pour aller à Saint-Marc.

Allant au Port-au-Prince, on continuera à faire valoir la route le S. E. pour reconnoître les Arcadins, ou fi c'est de nuit, après avoir couru encore 5 à 6 lieues au S. E. on fera valoir le S. S. E. 5d Est, pour paffer à mi-canal, entre les Arcadins & la pointe Est de la Gonave.

Ayant fait à cette route environ 3 lieues, on fera valoir la route le S. E. $\frac{1}{4}$ E. environ 4 lieues & demie, pour aller attaquer la pointe du Lamentin à la côte du Sud.

Il faut ranger cette côte de près, fans craindre de la trop approcher, afin d'éviter les haut-fonds d'un îlet de fable qui est à une petite lieue dans le Nord de la pointe du Lamentin.

Si l'on arrive de nuit à cette pointe, on fera bien, après l'avoir dépaffée d'un mille ou d'une demi-lieue, de mouiller.

On trouve de 12 à 18 braſſes par-tout, le fond
bon, la mer d'ailleurs y eſt toujours belle.

On eſt quelquefois obligé de louvoyer dans ce canal,
alors il ne faut pas s'approcher autant de la Gonave que
de la côte de Saint-Domingue, qui eſt très-ſaine & que
l'on peut accoſter par-tout juſqu'à une demi-lieue.

Les Arcadins ſont peu à craindre, ils portent des
haut-fonds à un mille & demi-lieue au large, ſur leſquels
il y a de 5 à 6 braſſes d'eau ; & ſur l'acore, dans la
partie de l'Oueſt au S. O. 12 & 15 braſſes, fond de
cayes.

Dans les ſaiſons de l'hivernage, on éprouve preſque
tous les ſoirs, dans ce canal, des orages violens.

Le meilleur parti à prendre alors, eſt de ſe mettre
à la cape, tantôt ſur un bord tantôt ſur l'autre, tant à
cauſe de la force du vent qui eſt très-violent, qu'à cauſe
des haut-fonds de la petite Gonave ; ou bien ſi l'on
peut prévoir l'arrivée de l'orage, aller chercher un
mouillage à la côte de Saint-Domingue, près la pointe
d'Arcaheie, ou dans le Nord de Léogane, au S. E.
de la petite Gonave, y ayant fond depuis les fonds
blancs de la petite Gonave, juſqu'à Léogane.

On peut auſſi paſſer, ſi l'on veut, à terre des
Arcadins ; le canal a cinq milles de largeur, & à mi-
canal, on ne trouve pas moins de 10 braſſes. Le fond
monte en approchant des Arcadins ; à un mille, on
trouve 6 & 8 braſſes fond de cayes ; à la même diſtance

de la côte Saint-Domingue, on trouve le même fond, mais il eſt de ſable vaſeux.

L'île de la Gonave a, dans ſa plus grande longueur, de l'E. S. E. à l'O. N. O. 10 lieues & demie, & dans preſque toute ſon étendue la même largeur, qui eſt, de deux lieues du Nord au Sud.

La pointe du Nord-Eſt eſt baſſe, & porte un recif dans l'Eſt, à environ une demi-lieue; ce recif prolonge la côte de l'Eſt en venant au Sud, à la même diſtance; en dedans eſt un fond blanc où l'on trouve depuis 1 juſqu'à 3 braſſes.

La pointe Eſt eſt haute & eſcarpée, ſans fonds blancs, mais l'on rencontre bientôt après, les haut-fonds de la petite Gonave, qui s'en approche juſqu'à un quart de lieue; ces haut-fonds ne s'étendent pas beaucoup au Nord de la pointe Eſt de la petite Gonave, mais ſe prolongent dans l'Eſt juſqu'à une lieue. On trouve à leur acore 8 braſſes fond de cayes.

Dans le Sud-Eſt de la petite Gonave, il y a un fond blanc ſéparé d'un demi-mille de celui qui tient à l'île, ſur lequel on peut paſſer ſans crainte.

On y trouve par-tout de 7 à 12 braſſes, quoique le fond paroiſſe très-blanc. Ce fond s'étend juſqu'à près de deux lieues de la petite Gonave; en général, un grand bâtiment ne doit pas s'approcher à plus d'une lieue un quart de la petite Gonave.

Depuis la petite Gonave jufqu'à la pointe Oueft de la grande Gonave, la côte eft faine.

La côte du Nord de cette île eft faine ; il n'y a qu'à la pointe Bahama, fituée prefque au milieu de l'île, où il y a un fond blanc qui s'étend à demi - lieue au large.

Partant du Port-au-Prince pour aller au petit Goave, on range la côte du Sud à la diftance d'un ou deux milles ; jufqu'à la pointe de Léogane, toute cette côte eft faine & acore.

Depuis la pointe du Lamentin jufqu'à celle de Léogane, il n'y a pas de mouillage ; mais depuis la pointe de Léogane jufqu'au mouillage de cette ville, il y a bon fond fur toute la côte.

Après avoir dépaffé Léogane, on va chercher le Tapion du petit Goave, & l'on vient mouiller dans la baie, en laiffant à bâbord un îlet près de la côte, fitué au Nord de la ville, au O. S. O. de laquelle on peut jeter l'ancre.

Le petit Goave eft à 9 lieues du Port-au-Prince, mais à caufe de la pointe de Léogane, il faut en faire douze pour y venir.

Depuis le Tapion du petit Goave jufqu'à celui de Miragoane, la côte court à l'O. $\frac{1}{4}$ N. O. 5^d Nord, 3 lieues deux tiers, puis à O. $\frac{1}{4}$ S. O. une lieue & demie, jufqu'à l'îlet du carénage de la baie de Miragoane.

(31)

A deux lieues trois quarts au Nord de cet îlet, est
l'extrémité Est du fond blanc qui se joint au recif, dit
du Rochelois.

On vient mouiller à Miragoane, en accostant l'îlet
du carénage, à un mille de distance; alors on voit un
petit bourg au pied d'un morne & des îlots de mangles
à l'Ouest; on vient passer à mi-canal entre la côte &
le premier îlot, & l'on mouille en dedans, laissant l'îlot
à stribord, & la côte où est situé le bourg à bâbord, par
8 à 18 brasses fond de vase.

Ce mouillage est hardi à prendre sans Pilote; la
passe a une encablure ou un peu plus, & il faut
mouiller aussitôt que l'on est en dedans.

Si l'on veut, on peut mouiller au large des îlets de
Mangles, mais par un fond de 25 brasses.

Depuis l'îlet du carénage de Miragoane, la côte
forme la baie de ce nom, fermée au Nord par l'îlet
à Frégates, qui porte un haut-fond jusqu'à une demi-
lieue dans l'Est de lui. L'extrémité de ce fond blanc
vient jusqu'au Nord du mouillage de Miragoane, ce
qui oblige de ranger la côte près l'îlet, en entrant
& en sortant; ensuite la côte court à l'Ouest, jusqu'à
un bourg nommé le *Rochelois,* situé au pied d'un
gros morne.

C'est dans le Nord, cinq degrés Est de ce bourg,
à 3 lieues, que se trouve le recif dit *du Rochelois.*

(32)

Le recif, dit du *Rochelois,* eſt très-peu étendu, il y a
des roches hors de l'eau. On peut le ranger de très-
près au Sud & au Nord ; dans l'Oueſt il porte un ſond
blanc à deux milles, ſur l'accord duquel il n'y a que 4
ou 5 braſſes.

Une lieue dans l'Eſt des briſans, il y a un fond de
roches & preſque point viſible, ſur lequel il y a de 6
à 8 braſſes ; il n'y a donc de vraiment dangereux que
les roches mêmes, leſquelles n'ont pas plus d'une
encablure d'étendue. Elles ſont à 3 lieues de la côte du
Sud , & à 3 lieues un tiers de la côte de la Gonave.

Le canal eſt auſſi ſain dans le Nord que dans le
Sud , & comme la côte du Sud eſt très-ſaine par-tout,
il eſt facile d'éviter ce danger.

Depuis le bourg du Rochelois juſqu'à l'entrée de la
baie des Baradaires, la côte court à O. $\frac{1}{4}$ N. O. 5 lieues $\frac{1}{2}$.

La baie des Baradaires eſt formée à l'Eſt par la pointe
des Roitelets , & à l'Oueſt par l'extrémité Eſt du Bec-
du-marſouin.

Ces deux pointes giſent N. N. O. & S. S. E. ,
une lieue $\frac{1}{4}$ de diſtance. On vient prendre le mouillage
dans la baie des Baradaires , en rangeant un tiers plus
près le Bec-du-marſouin que la pointe des Roitelets , &
accoſtant la côte de la preſqu'île du Bec , où l'on vient
chercher le mouillage par 8 à 10 braſſes.

Il

Il y a grand fond au milieu de la baie , & l'on peut
se conduire à la sonde , pour mouiller plus ou moins
proche de la côte.

Cette baie est très-étendue, mais il y a des haut-
fonds d'herbes dans le fond, qui ne permettent pas qu'on
aille y prendre mouillage sans Pilote.

La pointe Nord du Bec-du-marsouin , & la pointe
Nord de l'île de la grande Caymite, gisent O. N. O.
& E. S. E., distance de 4 lieues & demie.

La côte Ouest de la presqu'île du Bec-du-marsouin,
rentre dans le Sud , & forme un enfoncement de deux
lieues ; puis, en s'arrondissant un peu , elle court jusqu'à
Jérémie , à l'O. N. O. l'espace de 10 lieues.

Cet enfoncement & l'île de la grande Caymite ,
forment une grande baie dite des *Caymites* , où il y a
très-bon mouillage pour toutes sortes de bâtimens.

On peut venir sans Pilote chercher mouillage sous
la grande Caymite, en prenant à la sonde le fond convenable.

On peut aller mouiller aussi à la baie des Flamands
près la presqu'île.

On range la côte de la presqu'île, & l'on va mouiller
vis-à-vis une plage de sable, par le fond que l'on veut.

La baie des Caymites offre dans son enfoncement
plusieurs beaux mouillages, qu'il est facile d'aller prendre
à la sonde.

Il n'y a pas de bon passage à terre des Caymites ;

E

on ne trouve pas plus de 13 pieds d'eau fur les fonds blancs de la petite Caymite & de l'îlet à Foucaud, encore fe trouve-t-il des roches de cayes qui s'élèvent de deux à trois pieds.

En forte qu'il n'y a que les petits bâtimens qui puiffent fe rifquer fans Pilote fur ces fonds blancs.

Ils s'étendent jufqu'à trois lieues dans l'O. S. O. de la grande Caymite.

De la pointe Nord de la grande Caymite jufqu'à la pointe de la rivière falée, qui eft une lieue & demie à l'O. N. O. de la pointe Jérémie, il y a 9 lieues & demie. Cette pointe de la rivière falée eft la plus Nord de toute la côte, depuis le Port-au-Prince.

Une lieue & demie à l'Eft de cette pointe, eft celle de Jérémie, fous laquelle eft fitué le bourg de ce nom. Le mouillage de Jérémie eft de peu d'étendue, on eft mouillé en pleine côte, & il faut éviter d'y refter dans la faifon des Nords ; les bateaux & goëlettes peuvent fe mettre en dedans des recifs, mais il n'y a pas d'abri pour de plus grands bâtimens ; en général c'eft un mauvais mouillage, & qui ne doit être recherché que dans le befoin, par des bâtimens tirant plus de 12 à 14 pieds d'eau.

De la pointe de la rivière falée jufqu'au cap Damemarie, la côte court au O. $\frac{1}{4}$ S. O. 5^{d} Sud, 4 lieues & demie.

Toute cette côte eft faine & acore jufqu'à un quart de lieue au large, elle n'offre aucune retraite ; cependant dans un befoin on peut aller chercher le mouillage de l'anfe de Clair, qui eft à une lieue un quart de la rivière falée.

Cette anfe eft très-petite, deux bâtimens de 100 pieds de long auroient peine à éviter.

On reconnoîtra facilement ce mouillage en fuivant la côte de près; il ne peut fervir de retraite qu'à de petits bâtimens.

Dès que l'on découvre le cap Dame-marie, par le faux cap de ce nom, à environ une demi-lieue de diftance, l'on trouve le fond par 15 & 18 braffes.

On peut ranger ce cap à un quart de lieue, par 8 & 12 braffes, fond d'herbes.

A mefure que l'on vient en dedans de la baie de Dame-marie, il faut ferrer la côte en mettant le cap au S. E. les vents refufant prefque toujours; & la fonde à la main, on vient mouiller un peu dans l'O. N. O. d'un gros tapion blanc où eft une batterie.

On peut mouiller par 5 braffes, à une portée de fufil de ce tapion.

On trouve fond dans toute cette baie à un mille de la côte, depuis 4 & 6 braffes, & à la diftance de deux milles, jufqu'à 10 braffes.

On eft à l'abri des vents, depuis le Nord jufqu'au Sud, en paffant par l'Eft; cependant les bâtimens mouillés par 8 & 10 braffes, reffentent de la houle lorfque la brife eft un peu fraîche.

(36)

Depuis le cap Dame-marie jufqu'à la pointe des Irois, la côte court au S. S. O. 5 lieues, & forme plufieurs baies & anfes, dans lefquelles on peut mouiller.

Généralement, fur toute cette côte, une frégate peut aller chercher un mouillage la fonde à la main, n'y ayant ni banc ni haut-fond fous l'eau, & le fond s'élevant peu-à-peu à mefure que l'on approche la côte.

A deux lieues & demie dans le S. S. O. du cap Dame-marie, font des rochers appelés *la Baleine*, à environ une demi-lieue de la côte vis-à-vis la pointe du Miniftre.

Ces roches font hors de l'eau, & entourées d'un fond blanc, qui ne s'étend pas à plus d'une demi-encablure, fur lequel on trouve 4 braffes d'eau; on peut paffer entre la terre & ces brifans, il y a 6 braffes d'eau au milieu du paffage. Du côté du large, on peut ranger ces écueils d'auffi près que l'on voudra, en tout temps la mer brife deffus.

A une lieue & demie des Baleines, eft l'îlet à Pierre-Jofeph, où l'on peut faire mouiller un convoi, & le mouillage y eft bon & facile à prendre; les grands bâtimens mouillent dans le S. O. de l'îlet.

Dans toute cette partie de la côte Oueft de l'île de Saint-Domingue, on trouve le fond jufqu'à la diftance de deux lieues; le fond defcend doucement à mefure que l'on s'éloigne de la côte; à un mille de la terre on trouve généralement de 4 à 5 braffes; à deux

milles de 10 à 12 braſſes; à une lieue on a régulière-
ment 15 à 17 braſſes : l'on perd le fond ſubitement
lorſque l'on trouve 30 braſſes.

La pointe des Irois eſt la pointe la plus à l'Oueſt
de l'île de Saint-Domingue ; elle eſt peu élevée, mais
elle eſt remarquable par un petit mondrain à ſon extrémité, qui ſemble détaché & former un îlot ; cette
pointe eſt celle qui forme la pointe Nord de la baie du
même nom.

On peut ranger la côte du Nord en dedans de la
baie ; il y a 9 & 18 braſſes d'eau à toucher terre.

On vient chercher le mouillage dans le N. O. d'un
rocher noir, que l'on voit un peu au Sud du bourg
des Irois, par les 9 ou 10 braſſes, fond de coquillages.

On peut encore mouiller au Sud de l'îlet de Roches
dans l'O. N. O. d'un petit tapion, vers le milieu de la baie.

Le fond en cet endroit eſt de 8 à 9 braſſes, ſable
vaſeux.

Cette baie eſt ouverte aux vents du Sud ; la mer y eſt
preſque toujours groſſe, & le débarcadaire y eſt difficile :
elle eſt placée au remoux du courant qui porte au Nord
à la côte de l'Oueſt, & au S. E. à la côte de l'Eſt.

La mer en outre eſt battue alternativement des vents
de la briſe du N. E. ou de l'Eſt, qui règne le long de
la côte de l'Oueſt ; & du vent du S. E. qui règne à
la côte du Sud, ce qui rend la mer très-clapoteuſe.

Cette baie eſt terminée au Sud par le cap Carcaſſe,

lequel forme avec le Cap-à-foux, une groſſe pointe arrondie, qui vient ſe terminer au cap Tiburon.

Ces trois caps vus de loin n'en ſont qu'un que l'on nomme *cap Tiburon*. On peut le reconnoître facilement par ſa forme & ſa hauteur; c'eſt une grande montagne très-élevée, dont la croupe eſt arrondie de la même manière que le dos d'une hotte, & qui vient en s'abaiſſant inſenſiblement vers la mer.

Le cap Tiburon, proprement dit, eſt à une lieue & un tiers de la pointe des Irois, dans le Sud 30^d Eſt. Il forme l'entrée de la baie Tiburon, qui s'étend à l'Eſt de ce cap.

On ne trouve pas fond à 50 braſſes, étant à deux encablures de la côte, depuis le cap Carcaſſe juſqu'auprès du cap Tiburon; mais à la même diſtance de ce cap, on trouve 24 & 30 braſſes; plus au large le fond s'enfonce très-rapidement.

La baie de Tiburon eſt fermée à l'Eſt & au Sud, par la pointe Burgos, à l'extrémité de laquelle il y a un petit recif qui porte à une encablure au large.

On mouille dans le Nord de cette pointe, à un quart de lieue du bourg, par 7 à 8 braſſes, fond de vaſe.

Toute la baie eſt ſaine & de bon fond, en n'approchant pas trop la pointe Burgos, dans la partie de l'Oueſt où le fond eſt ſemé de roches.

On ne craint dans cette baie que les vents de Sud, mais les petits bâtimens peuvent, en s'approchant de terre par 3 à 4 braffes, fe mettre à l'abri par la pointe Burgos.

De tout autre vent, la mer y eft belle & tranquille, le débarcadaire aifé ; l'eau y eft excellente & très-facile à faire.

Du cap Tiburon à la pointe Burgos, il y a une petite lieue; le gifement de ces deux pointes eft E. S. E. 5ᵈ Sud, & O. N. O. 5ᵈ Nord.

Depuis la pointe Burgos jufqu'à une pointe baffe, dite *du vieux Boucand,* la côte court à E. S. E. 5ᵈ Sud une lieue un tiers.

Cette partie de la côte n'eft pas auffi acore; il y a quelques fonds blancs & des brifans à la pointe des Aigrettes, mais qui ne s'étendent pas à plus de demi-lieue au large.

Depuis la pointe du vieux Boucand, la côte s'élève dans le N. E. une lieue & demie, en s'arrondiffant enfuite pour former ce que l'on nomme *le fond des Anglois.*

La côte eft faine, mais n'offre point de bon mouil-lage ; on peut bien mouiller très-près de terre, mais on n'eft nullement à l'abri de la brife du large.

Depuis le fond des Anglois, la côte commence à courir dans l'E. S. E. une lieue un tiers, jufqu'à un gros morne nommé *les Chardonniers,* & qui eft très-recon-noiffable de loin.

Puis, après avoir formé un enfoncement d'une demi-lieue, elle court au S. S. E. 6 lieues & demie, jufqu'à la pointe à Gravois, en formant plufieurs petites anfes qui ne peuvent pas être confidérées comme des mouillages. Le feul un peu fpacieux eft le Port-falut, à une petite lieue dans le N. N. O. de la pointe à Gravois.

La pointe à Gravois eft baffe & difficile à bien reconnoître, on la confond aifément avec celle du Port-falut.

Depuis cette pointe, la côte eft peu élevée & court 3 lieues à l'Eft, 2^d Nord, jufqu'à la pointe de l'Abacou.

La pointe de l'Abacou eft baffe à fon extrémité, & peu élevée dans les terres; elle eft formée par deux pointes de recifs qui s'étendent à un quart de lieue au large, on peut la ranger fans crainte: à une demi-lieue on ne trouve pas fond à 40 braffes.

A cette pointe commence l'enfoncement des Cayes.

La côte, après avoir doublé Abacou, court dans le N. N. O. puis au N. O. & vient en arrondiffant vers l'Eft jufqu'à la ville des Cayes, qui gît au N. $\frac{1}{4}$ N, E. 2^d Eft de la pointe Abacou, à 3 lieues & demie.

La pointe du S. O. de l'Ifle-à-vache, forme le côté de l'Eft de l'entrée de cette grande baie; elle gît à l'E. $\frac{1}{4}$ N. E. de la pointe de l'Abacou, à 2 lieues un tiers.

A moitié canal, entre la pointe de l'Abacou & la côte Oueft de l'Ifle-à-vache, on trouve fond par 25 braffes, puis le fond va en diminuant vers la côte de l'Ifle-à-vache.

La pointe du S. O. de cette île, porte un fond blanc, où l'on trouve de 5 à 7 braffes, fond de roches

jufqu'à

(41)

jufqu'à un mille & demi au large, mais en venant vers
la pointe du Diamant, le fond blanc fe rapproche de
la côte à un quart de lieue, & le fond devient bon
par 6 & 7 braffes,

Étant parvenu Eft & Oueft de la pointe du Diamant,
il y a fond par-tout d'une côte à l'autre.

Le mouillage eft bon dans l'Oueft de la pointe du
Diamant, ou plus au Nord vis-à-vis une anfe de fable,
par 6 à 7 braffes, fond de fable vafard.

Pour entrer aux Cayes, on vient ranger, par les 6
braffes, la pointe du N. O. de l'Ifle-à-vache; & l'on
gouverne à découvrir fur bâbord les tapions blancs de
Cavaillon, la route valant à peu-près le N. $\frac{1}{4}$ N. E. alors
on laiffe à bâbord un grand recif entouré d'un fond
blanc, qui remplit prefque tout le milieu de la baie;
puis, lorfque l'on relève la ville des Cayes au N. O. $\frac{1}{4}$ O.
on gouverne deux quarts au vent de la ville, fur l'îlet
de la Compagnie, où l'on mouille fi l'on ne veut pas
entrer dans la rade des Cayes; ou bien on arrive à
petites voiles à un quart de lieue ou un mille de la
côte, & le Pilote du port vient vous entrer.

La paffe eft large de deux tiers d'encablures; il ne
peut y entrer que des bâtimens tirant au plus 13 pieds
d'eau. Les gros bâtimens tirant 15 ou 17 pieds, vont
mouiller à Châteaudin, éloigné d'une demi-lieue à
l'Oueft, & féparé par des haut-fonds du port des Cayes.

Pour venir mouiller à la rade de Châteaudin, étant

F

au mouillage de l'Isle-à-vache, par les 11 ou 8 brasses, dans l'Ouest ou l'O. N. O. du Diamant, il faut faire route directement sur Torbec, qui est un bourg très-reconnoissable, situé dans l'enfoncement de la baie ; la route sera environ le N. O. En approchant de la côte à environ deux milles, on aura connoissance d'un petit pavillon blanc placé sur un haut-fond ; il faut le doubler dans l'Ouest & le laisser à stribord.

On peut le ranger à une demi-encablure ; lorsqu'on l'a amené au Sud on fait route en suivant la côte jusqu'à la rade de Châteaudin, où l'on mouille par 6 & 7 brasses, fond de vase.

Dans tout ce trajet, si l'on suit le chenal, on ne trouvera pas moins de 7 & 9 brasses, & souvent 12 & 15, fond de vase.

L'Isle-à-vache a 3 lieues dans sa plus grande longueur, & n'a pas plus d'une lieue dans sa plus grande largeur ; elle est montueuse, & paroît, à la distance de 6 à 7 lieues, comme un amas d'îlots.

Depuis la pointe du N. O. en venant à celle du S. O. la côte est saine ; on trouve un fond qui s'élève en approchant de terre.

A la pointe du S. O. est le fond blanc dont il est parlé plus haut, ce qui oblige à donner du tour à cette pointe lorsqu'on vient de l'Est pour mouiller à l'Isle-à-vache.

La côte du Sud est acore, il règne un recif presque

(43)

tout le long à une encablure de diftance, jufqu'à la pointe
Eft, où il y a un fond blanc qui vient rejoindre celui
du recif de la Folle qui eft au Nord de cette pointe.

Depuis la pointe du N. O. jufqu'à la pointe de la
Folle, du côté du Nord de l'île, il y a une fuite de
fonds blancs & d'îlots, parmi lefquels il y a des paffages
étroits.

Sur cette côte eft la baie Ferêt, où il y a un très-
bon mouillage ; mais pour y arriver il faut bien chenaler,
fans quoi on rifque quelquefois de ne trouver que 2 ou
3 braffes.

Le plus Nord de ces îlots fe nomme *Caye-à-l'eau ;*
il eft remarquable par une touffe de gros arbres, dont
un eft fort élevé au-deffus des autres.

Cet îlot eft acore, il y a bon mouillage au large de
lui du côté du Nord, par 15 jufqu'à 30 braffes.

Depuis les Cayes, la côte court à l'E. N. E. une lieue
jufqu'au tapion de Cavaillon, qui forme l'entrée de la
baie de ce nom ; à moitié chemin eft l'îlet de la Compagnie, où l'on mouille lorfqu'on ne veut pas entrer
dans le port des Cayes.

Il ne faut pas ranger de trop près les tapions de
Cavaillon dans la partie du S. E. à caufe d'une baffe
fur laquelle il n'y a que 6 pieds d'eau, que l'on
nomme *le Mouton ;* elle eft fituée au S. E. de la pointe
du tapion le plus Eft, à la diftance d'un demi-mille.
A terre de cette baffe, il y a 8 braffes d'eau.

La baie de Cavaillon eſt aſſez grande, mais le mouillage eſt peu étendu; la côte de l'Oueſt eſt trop acore,
& le fond eſt ſemé de roches, il faut venir mouiller dans
l'Eſt de la baie, vis-à-vis une côte de mangles qu'on
peut approcher ſans crainte ; le fond y eſt bon, & on
trouve 5 braſſes preſqu'à terre.

Dans cette baie, on eſt à l'abri des vents de la briſe
par la pointe Eſt, qui appartient à un îlet qui laiſſe
un paſſage dans les mangles, par lequel on peut com-
muniquer à la baie des Flamands. Dans le fond eſt une
rivière fermée par une barre que l'on ne peut paſſer
qu'à la pleine mer.

La baie des Flamands eſt à un quart de lieue de celle
de Cavaillon ; elle s'avance dans les terres en courant
au N. E. ; c'eſt le lieu où les bâtimens paſſent le temps
de l'hivernage ou des coups de Sud. L'entrée & les
côtes de cette baie ſont ſaines & élévées ; on peut
mouiller par-tout. L'on y trouve un endroit commode
pour caréner.

De la baie des Flamands, la côte court à l'Eſt $\frac{1}{4}$ N. E.
deux milles, & l'on trouve la grande baie du Meſle ;
le fond eſt bon par-tout, mais on y eſt peu à l'abri
des vents de Sud ; l'entrée étant fort grande & s'ouvrant
au Sud.

La côte continue à courir à l'Eſt $\frac{1}{4}$ N. E. juſqu'à
la pointe Paſcal. A moitié chemin environ, on trouve

la petite baie du Meſſe, dans laquelle on pourroit mouiller, mais ſans être même à l'abri des vents de briſe.

L'entrée de la grande baie du Meſſe eſt barrée au milieu par un haut-fond qui s'étend juſque par le travers de la pointe Oueſt de la petite baie du Meſſe : ce banc a quelques endroits où il n'y a pas plus de 15 à 18 pieds d'eau ; il eſt très-étroit, & laiſſe un paſſage entre la côte, d'environ un quart de lieue ; il ne s'étend pas à plus d'une demi-lieue dans le Sud de la côte.

Pour entrer dans la grande baie du Meſſe, quand l'on tire plus de 15 pieds d'eau, il faut accoſter la côte à l'Oueſt de la baie, & ranger la pointe Paulin qui forme l'entrée Oueſt de la baie. Le commencement du banc eſt Nord & Sud de la pointe Saint-Remi, à la diſtance d'environ un mille.

La pointe Paſcal eſt coupée & de couleur blanche ; elle forme, avec une petite île qui eſt une demi-lieue dans l'Eſt, l'entrée principale de la baie Saint-Louis.

Cette petite île ſe nomme *Caye d'Orange :* du mouillage des Cayes, dont elle eſt éloignée de 5 lieues environ, on peut apercevoir cet îlot étant au mouillage des Cayes ; il gît alors avec la côte Sud de la baie du Meſſe.

De la pointe Paſcal, la côte court au N. N. E. un mille, juſqu'à la pointe Vigie, d'où l'on découvre toute la baie Saint-Louis, laquelle eſt fermée à l'Eſt par le cap Bonite, qui gît, avec la pointe de la Vigie, au N. E. $\frac{1}{4}$ E. à deux milles.

On vient mouiller dans la baie de Saint-Louis en rangeant la pointe Pafcal, puis celle de la Vigie, & continuant à ferrer la côte de l'Oueft par 8 à 10 braffes.

Le mouillage eft dans l'Oueft du Vieux-fort, à moins d'un quart de lieue de terre, découvrant la ville entre le Vieux-fort & la côte du fond de la baie.

Le Vieux-fort eft fitué fur un îlet de roches, à terre duquel on peut paffer par fix braffes pour venir chercher le mouillage devant la ville, où le plus grand fond n'eft que de 5 braffes.

Au S. $\frac{1}{4}$ S. E. du Vieux-fort, à un quart de lieue, il y a un haut-fond nommé le *Mouton*; il eft à l'Oueft du cap Bonite, à la diftance d'un quart de lieue; il laiffe entre lui & la terre un bon paffage, ainfi qu'entre le Vieux-fort & lui : néanmoins, le fond eft beaucoup moins confidérable que du côté de l'Oueft de la baie.

On peut paffer entre la caye d'Orange & la côte, il y a grande eau; dans ce trajet on rencontre un petit îlot nommé *Caye à Rats*; on peut paffer entre lui & la caye d'Orange, ou à terre des deux, mais ces paffages ne font pas larges : il y a des haut-fonds près de la côte, ce qui fait qu'il faut ranger de plus près les îlots que la côte.

Dans l'Eft $\frac{1}{4}$ N. E. de la caye d'Orange, à une lieue & demie, eft une île nommée *caye à Mouftiques*. Cette île eft faine, on peut paffer à terre d'elle ou au large; on ne trouve pas moins de 10 braffes à un demi-quart de lieue dans le Nord.

Il ne faut pas trop approcher la côte de Saint-Domingue; en paffant à terre de la caye à Mouftiques, il y a un îlet entre le cap Bonite & le cap Saint-George, qui porte un haut-fond nommé *la Teigneufe,* jufqu'à près d'un mille au large.

Au Nord de la caye à Mouftiques, eft le cap Saint-George, que l'on peut approcher: on ne trouve plus de haut-fond jufqu'à la Trompeufe, qui eft une lieue un tiers dans l'Eft N. E. du cap Saint-George, & dans le Nord d'une autre que l'on nomme *caye à Ramiers.*

La caye à Ramiers gît à l'Eft $\frac{1}{4}$ N. E. de la caye à Mouftiques, à la diftance d'environ deux milles; elle fe reconnoît à un tapion blanc coupé à pic, qui fe voit d'affez loin; elle laiffe entre elle & la caye à Mouftiques, un paffage profond, par lequel on entre dans la grande baie d'Aquin.

Au Sud de la caye à Ramiers, eft un haut-fond qui s'étend à une demi-lieue, fur lequel il n'y a au milieu que 3 braffes d'eau.

Dans l'Eft de la caye à Ramiers, eft un petit îlot nommé l'*Anguille;* dans le N. E. Il y en a un autre nommé *la Régale :* ils forment à eux trois un triangle équilatéral, dont le côté eft d'une demi-lieue environ.

Dans l'Eft N. E., à 3 quarts de lieue de la caye à Ramiers, eft la groffe caye d'Aquin, qui eft une île aſſez élevée, & ſur laquelle on voit deux tapions blancs très-remarquables.

Cette île court dans l'Eſt $\frac{1}{4}$ N E, elle a 3 quarts de lieue de longueur, & environ un quart de lieue de large; elle eſt très-ſaine dans la partie du Sud, il faut ſe méfier ſeulement des fonds blancs de l'Anguille, qui eſt au Sud de ſa pointe Oueſt, en ſorte qu'il n'y a pas de paſſage entre la caye à Ramiers & la groſſe caye d'Aquin, pour des bâtimens tirant de 12 à 15 pieds d'eau.

A l'Eſt de cette île, eſt un rocher blanc iſolé, éloigné d'un petit quart de lieue, nommé le *Diamant*; à l'Eſt de ce rocher, à deux encablures de diſtance, eſt la pointe du Morne-rouge, qui fait partie de la côte de Saint-Domingue; en ſorte que la pointe Eſt de la caye d'Aquin, le Diamant, & la pointe du Morne-rouge, forment les deux paſſages pour entrer dans la baie d'Aquin.

Toutes ces côtes & îles ſont acores; l'on trouve 5 à 6 braſſes dans le paſſage entre le Morne-rouge & le Diamant, & 6, 7 & 8 entre la groſſe caye d'Aquin & le Diamant.

La baie d'Aquin eſt très-grande, elle s'enfonce beaucoup dans les terres, mais le fond y eſt peu conſidérable; on eſt mouillé très-loin de terre par 3 braſſes.

On entre dans cette baie, ou par la paſſe du Diamant, ou par celle de la caye à Ramiers.

Pour entrer dans la baie d'Aquin par l'îlet à Ramiers, il faut paſſer entre cet îlot & celui nommé *caye à Mouſtiques*.

Mouſtiques. On fait route à l'Eſt N. E. pour ſe mettre à mi-canal entre la terre & les îlots.

Lorſqu'on a doublé la caye à Ramiers, on voit la Régale, qui eſt un îlot de ſable, très-bas ; on les laiſſe à tribord. On paſſe à moitié chemin entre la Régale & la côte, puis l'on accoſte la groſſe Caye, autant que les vents le permettent.

Le bon mouillage eſt dans le Nord de cette île, par 6 à 7 braſſes, mais on peut mouiller plus en dedans ſi l'on veut.

La pointe du Morne-rouge eſt très-reconnoiſſable de loin par trois tapions blancs très-élevés, on les nomme *Tapions d'Aquin ;* ils forment un gros cap, ſous lequel il y a mouillage par 10 à 12 braſſes, à une bonne diſtance de terre.

Ce fond continue juſqu'à l'anſe des Flamands, qui eſt dans l'Oueſt N. O. cinq degrés Oueſt, à une lieue un quart des tapions d'Aquin.

Il faut remarquer que depuis la pointe Paſcal, tous les caps ſont coupés & à pic, préſentant du S. au S. E. & comme toute cette côte eſt de terre blanche, on aperçoit beaucoup de tapions blancs.

La caye d'Aquin en a deux, mais les plus élevés & les plus Eſt ſont ceux du Morne-rouge, & avec un peu d'attention, on ne peut s'y méprendre.

Depuis la pointe du Morne-rouge ou les tapions d'Aquin, la côte, après s'être enfoncée un peu dans le

G

Nord , pour former l'anfe des Flamands , court à l'Eft ¼ S. E. jufqu'au cap de Bayenette.

Ce cap eft à 10 lieues des tapions. d'Aquin ; toute la côte entre deux eft faine & acore , mais fans baie où l'on puiffe mouiller à l'abri de la brife ordinaire. Deux lieues & demie avant d'arriver au cap Bayenette, c'eft une côte de fer où le fond eft très-confidérable.

Le cap Bayenette fe reconnoît à des tapions blancs qui font à fon extrémité; il forme l'entrée d'une grande baie qui préfente au S. E. Elle porte le nom de *Bayenette*, fans doute à caufe du grand fond que l'on y trouve dans toute fon étendue , fans y rencontrer un feul haut-fond; on y eft peu ou point à l'abri ; il faut mouiller très-près de terre & à la côte du Nord.

Cette baie s'enfonce vers le Nord une lieue, & la côte recommence à courir à l'E. ¼ S. E. pendant 5 lieues, jufqu'au cap Jaquemel.

Le cap Jaquemel eft acore, élevé à pic; il forme l'entrée Oueft de la baie de Jaquemel : depuis ce cap, la côte court dans le N. N. O. un mille jufqu'à la pointe de la Vigie , puis un mille à O. N. O. jufqu'à la pointe la Redoute qui eft en dedans de cette baie.

Il n'y a point de fond dans toute cette étendue, & jufqu'à l'autre côte de la baie, formée par le cap Maréchaux.

Lorfqu'on eft entre ces deux pointes, environ vers le milieu de la baie, on aperçoit dans le fond un recif qu'il faut doubler dans le N. N. O. & en le laiffant à ſtribord, on vient mouiller à terre de lui par 12 à 15 braſſes : il faut accoſter la terre, ſans cela on trouve un fond très-conſidérable. Le mouillage des grands bâtimens eſt dans l'Eſt d'un tapion blanc au fond de la baie, & à l'Oueſt du grand recif.

Le cap Maréchaux gît dans le N. N. E. du cap Jaquemel à une petite lieue.

Depuis le cap Maréchaux, la côte s'enfonce un peu dans le Nord, en s'arrondiſſant juſqu'au cap du Morne-rouge qui ſe voit de loin, & ſe reconnoît à des tapions blancs.

Ce morne gît dans l'Eſt, 10ᵈ Nord du cap Jaquemel, à 9 lieues deux tiers.

La côte, entre deux, forme différentes anſes, où de petits bâtimens peuvent jeter l'ancre, mais où l'on n'eſt à l'abri d'aucune manière.

A une lieue & demie à l'Eſt du Morne-rouge, eſt le Sale-trou, où il y a bon mouillage pour des bâtimens tirant juſqu'à 16 pieds d'eau ; les plus grands bâtimens peuvent y mouiller, mais à une plus grande diſtance de terre, où le fond n'eſt plus auſſi bon.

Depuis le Morne-rouge, la côte s'enfonce un peu au Nord, & s'arrondit en courant à l'E. S. E. juſqu'aux anſes à Pitres, où ſont les derniers établiſſemens françois ſur la côte du Sud de Saint-Domingue.

Toute cette partie de la côte eſt très-ſaine, on la peut ranger ſans rien appréhender.

G ij

Il y a un bon mouillage aux anfes à Pitres, & il eſt très-facile à prendre ; il ne faut pas craindre d'approcher la côte, le fond étant très-profond à deux mille au large : tout ce terrein eſt blanc, & la côte ſemble être de craie.

On mouille ou devant la plaine des anfes à Pitres, ou au Sud d'un petit cap devant l'embouchure de la rivière, laquelle eſt aſſez conſidérable pour ſe faire re-connoître facilement.

On y eſt tranquille & à l'abri, le fond y eſt bon par 8 & 6 braſſes & plus, à terre par 4 braſſes.

Depuis le mouillage, la côte commence à courir au Sud, & s'enfonce une lieue dans l'Eſt, pour former l'anſe ſans fond, & court enſuite au S. $\frac{1}{4}$ S. O. juſqu'au Faux-cap, lequel gît dans le S. E. $\frac{1}{4}$ E. du Morne-rouge, à 9 lieues, & à l'E. $\frac{1}{4}$ S. E. du cap Jaquemel, à 17 lieues & demie.

Du Faux-cap, la côte court à l'E. S. E. juſqu'au cap Mongon, trois lieues & demie ; puis remonte dans le N. E. $\frac{1}{4}$ N. & N. N. E. pour former la grande baie de Neybe.

Au Sud du Faux-cap, à une lieue & demie, eſt un îlot appelé *les Frailes*, il eſt acore & ſain ; à la même diſtance de lui, dans le S. S. E. eſt un autre îlot appelé *Altavella*, auſſi ſain & auſſi acore que les Frailes. A une lieue dans l'Eſt de ce dernier, & au Sud du cap Mongon, à une lieue & demie, eſt l'île de la Béate ; elle a environ une lieue du Nord au Sud, & deux milles de l'Eſt à

(53)

l'Oueſt. Elle porte dans le N. ¼ N. E. un briſan vers le
cap Mongon qui a un petit fond blanc à ſon extrémité,
ce qui rétrécit conſidérablement le paſſage entre la Béate
& la côte, dans lequel on ne trouve que 3 braſſes.

Il y a un aſſez bon mouillage dans l'O. S. O. de la
Béate ; entr'elle & la terre le fond eſt de 8 à 10 braſſes,
fond d'herbes.

On voit le fond généralement autour de tous ces
ilots, mais il y a grand fond près la côte de Saint-Domingue.

Cette partie de la côte qui s'avance dans le Sud,
depuis le bord de la mer au cap Mongon, juſqu'à trois
lieues au Nord, & juſqu'à la mer du côté de l'Eſt &
de l'Oueſt, eſt un plateau de roches blanches & dures,
dans lequel on rencontre des trous & des caſſures con-
ſidérables. Le plateau eſt élevé d'environ 40 pieds, &
on n'y remarque que des raquettes & d'autres plantes
de ce genre.

Lorſqu'on vient du Sud ou de l'Eſt pour aller dans
la partie Nord de Saint-Domingue, on peut venir
reconnoître la Mône & la Mônique, qui ſont deux petites
îles ſituées dans le canal, entre Porto-rico & l'île de
Saint-Domingue : elles ſont ſaines & l'on peut en approcher à deux milles ; on peut même venir mouiller
ſous le vent de la Mône, où il y a bon mouillage par
7 & 8 braſſes, fond de ſable & herbes, à environ une
demi-lieue de terre ; ayant la pointe du N. O. de la Mône

au N. $\frac{1}{4}$ N. E. à environ deux milles ; la pointe du S. O.
où il y a un petit recif au S. E. $\frac{1}{4}$ E. & la Monique au
N. $\frac{1}{4}$ N. O.

On passe à l'Oueſt de la Mône, & lorſqu'on l'a
amenée à l'E. S. E. environ 3 à 4 lieues, on aperçoit la
côte de Saint-Domingue, qui, dans toute cette partie
du S. E. eſt très-baſſe : dans ce canal, près de la côte,
le courant eſt très-ſenſible, & porte dans le Nord.

La pointe de Saint-Domingue, la plus proche de la
Mône, eſt le cap Eſpada, qui eſt une pointe baſſe en-
tourée d'un recif & d'un fond blanc ; ce cap gît à l'O.
N. O. environ de la Mône à 10 à 11 lieues.

Du cap Eſpada, la côte court N. $\frac{1}{4}$ N. E. environ 4
à 5 lieues, juſqu'au cap del Enganno, qui eſt une petite
pointe baſſe & plate, laquelle porte un recif dans le N. E.
juſqu'à deux milles.

Étant par ſon travers, on perd de vue les îles de
la Mône & de la Mônique.

Depuis le cap del Enganno, la côte court au N.
O. $\frac{1}{4}$ O. 12 lieues ; la côte eſt baſſe juſqu'à 3 lieues environ dans le Sud du cap Raphaël ; alors elle s'élève
un peu & continue d'être aſſez haute juſqu'à ce cap.

Le cap Raphaël eſt aſſez élevé, & paroît de loin
comme une île ; il ſe reconnoît à une montagne ronde
que l'on aperçoit dans les terres, & qui a l'apparence
à peu-près d'un pain de ſucre.

Du cap Raphaël, la côte court dans l'O. $\frac{1}{4}$ N. O.

& puis dans l'Ouest, pour former la grande baie de Samana, qui est fermée dans le N. O. par la pointe à Grapins, laquelle est à 2 lieues dans le S. S. O. 5^d O. du cap Samana.

Le cap Samana est à environ 7 lieues dans le Nord-ouest $\frac{1}{4}$ Ouest du cap Raphaël.

On vient chercher un mouillage dans le Nord de la baie de Samana, en rangeant la pointe à Grapins à un quart de lieue ; on laisse à bâbord trois cayes couvertes de bois, & lorsque l'on relève la plus Ouest au S. S. O. on peut mouiller par 15 brasses d'eau, bon fond, à un petit quart de lieue de la côte, & ayant la caye de Banister environ un mille dans l'O. $\frac{1}{4}$ N. O.

Dans la partie du Sud, le mouillage est très-difficile, & la passe très-étroite ; le milieu de la baie est fermé par des haut-fonds ; en rangeant l'entrée de la baie, on voit le fond tout le long par 10. & 7 brasses.

En venant dans le Sud du cap Espada, on aperçoit la petite île de la Saona ; elle est couverte d'arbres, & entourée d'un fond blanc qui porte près de deux milles au large ; elle ne laisse entr'elle & la côte de Saint-Domingue qui court à l'Ouest, 8^d Nord, qu'un passage très-étroit & peu profond.

La côte de Saint-Domingue rentre un peu au Nord vers l'île Sainte-Catherine, éloignée de celle de la Saona d'environ 8 lieues.

La côte continue à courir vers l'Ouest quelques

degrés Nord, jufqu'à la rivière de Santo-Domingo, qui eft à 13 lieues de l'île Sainte-Catherine, à environ 27 lieues du cap Efpada, & à 20 lieues de la pointe de l'île de la Saona.

On peut mouiller devant la rivière de Santo-Domingo affez près de terre, & les bâtimens qui ne tirent pas plus de 14 pieds, peuvent entrer dans la rivière.

On reconnoîtra cette capitale de la partie efpagnole de Saint-Domingue, à un fort confidérable, bâti fur la rive droite du fleuve Ozama, fur lequel eft fituée la ville; on aperçoit auffi une grande favanne à l'Oueft du fort, qui forme un amphithéâtre d'un coup-d'œil fort agréable.

Depuis Santo-Domingo, la côte court à l'O. S. O. 14 lieues jufqu'à la pointe des Salines; puis elle rentre au Nord & vient former la baie du Neybe, qui prend ce nom de celui d'une grande rivière qui a fon embouchure dans le fond.

Depuis cette rivière, la côte court au Sud pour former le cap Mongon, qui eft au S. O. $\frac{1}{4}$ O. de Santo-Domingo, à environ 27 lieues.

En faifant route de Santo-Domingo au cap de la Béate, il faut fe méfier un peu des courans qui portent Eft le long de la côte, & remontent foiblement vers le Nord à l'entrée de la baie du Neybe.

Je fuis entré dans peu de détail fur la partie efpagnole, parce que je n'ai pu la vifiter, & que je ne parle que

d'après

d'après les connoiffances que j'ai puifées dans les jour-
naux de quelques Navigateurs anglois & efpagnols, qui
m'ont paru devoir mériter de la confiance.

DES DÉBOUQUEMENS.

O N ne doit compter que quatre débouquemens
principaux.

Le plus fous le vent nommé de *Krooked*.......... 1.
Sous le vent des Cayques...................... 2.
Au vent des Cayques par les îles Turques........ 3.
Entre la Caye d'argent & le Mouchoir carré...... 4.

Débouquement de Krooked.

C E débouquement eft le plus long & le plus fous
le vent; il eft auffi le plus commode lorfqu'on vient
du golfe des Gonaïves, ou de la partie du Sud de
Saint-Domingue, & encore lorfqu'on va à la nouvelle
Angleterre.

On prend fon point de départ, pour l'ordinaire,
du cap Saint-Nicolas.

Étant à deux lieues au large de ce cap, il faut aller
chercher & reconnoître la pointe Oueft de la grande
Inague : en faifant valoir la route le N. $\frac{1}{4}$ N. O. 25
lieues, on arrivera à deux lieues dans l'Oueft de cette
pointe.

L'île de la grande Inague, comme toutes celles qui

H

GRANDE
INAGUE.

forment les débouquemens, eſt aſſez baſſe & ſemée de petits monticules qui de loin ont l'apparence de petits îlots ſéparés.

On peut l'apercevoir de 5 à 6 lieues, d'un temps clair, mais on ne doit pas craindre d'en approcher juſqu'à demi-lieue dans la partie de l'Oueſt.

On peut mouiller dans une belle anſe qu'on laiſſe à ſtribord en débouquant; en approchant de la côte, on aperçoit un fond blanc, ſur lequel on vient jeter l'ancre, mais il faut toujours regarder le fond & choiſir la place, car ſur tous les fonds blancs, on rencontre des pierres qui s'élèvent quelquefois conſidérablement.

On y trouve de l'eau douce facile à faire, & en aſſez grande quantité pour fournir à pluſieurs bâtimens.

Étant par le travers de la pointe la plus Oueſt de la grande Inague, à deux lieues, il faut faire valoir la route le N. N. O. 2 ou 3 degrés Oueſt, 25 lieues : on va chercher ainſi l'Iſlet-au-château, que l'on peut accoſter à deux milles, & plus près ſans rien craindre.

Si l'on partoit le ſoir de l'île d'Inague, il ſeroit préférable, à cauſe des Hogſties, de faire valoir la route le N. O. $\frac{1}{4}$ N. 16 à 17 lieues, puis revenir au vent, & la faire valoir le N. $\frac{1}{4}$ N. O. 8 lieues, alors on ſe trouveroit à une lieue dans l'Oueſt de l'Iſlet-au-château.

J. HOGSTIES.   Les Hogſties ſont deux petites îles de ſable très-baſſes, qui ſont entourées, dans la partie de l'Eſt, par

un fond blanc que borde un recif, lequel s’étend jufqu’à une lieue & demie.

La partie de l’Oueſt eſt ſaine, & l’on peut y mouiller
par 7 & 5 braſſes, fond de ſable, ayant un des îlets
dans le N. N. E. & l’autre dans l’Eſt.

Ces écueils giſent dans le N. $\frac{1}{4}$ N. O. à 13 lieues de
la pointe Oueſt d’Inague.

Dans l’Oueſt, 5ᵈ Sud de l’Iſlet-au-château, à trois
lieues & demie, ſont les Mira-por-vos.   MIRA-POR-VOS.

C’eſt un écueil aſſez ſemblable à ceux nommés *les
Hogſlies*. L’Oueſt eſt ſain, & offre un mouillage aſſez
médiocre ; l’Eſt eſt acore ; on trouve le fond cependant
dans le S. E. à un mille, par 20 & 25 braſſes, fond
de cayes & de roches.

Comme cet écueil eſt ſous le vent, on évite de le
voir en rangeant l’Iſlet - au - château ; cependant ſi l’on
étoit dans le cas de louvoyer, on ne doit pas craindre
d’en approcher à moins d’une demi-lieue : tout ce qui
eſt dangereux briſe, & le fond blanc avertit de bonne
heure.

On peut paſſer ſous le vent de cet écueil, il a
environ deux milles d’étendue de l’Eſt à l’Oueſt, &
près de deux lieues du Nord au Sud.

Étant Eſt & Oueſt de l’Iſlet-au-château, on va reconnoître la pointe oueſt de l’île de la Fortune ; faiſant
valoir la route le Nord & le N. $\frac{1}{4}$ N. O. 7 lieues & demie ;

H ij

on parvient, Eſt & Oueſt de cette pointe, à une lieue & demie de diſtance.

On continue la même route pour prendre connoiſ-fance de l'extrémité Oueſt de Krooked, où eſt un petit îlot appelé l'*îlot du débouquement;* ayant fait 6 lieues, on eſt dans l'Oueſt, à une lieue & demie de cet îlot; en forte que depuis l'Iſlet-au-château, la route direĉte eſt le Nord, 5ᵈ Oueſt, 14 lieues pour parvenir à la tête du débouquement.

On fe regarde comme débouqué étant à ce point; cependant avec les vents de N. E. & d'E. N. E. on auroit à craindre l'île de Watelin, dont la pointe du S. E. gît avec l'îlot du débouquement, au Nord, 4ᵈ Oueſt du Monde, à la diſtance de 23 lieues.

On doit donc, pour ne pas craindre l'île de Watelin, en partant de l'îlot du débouquement, faire valoir la route autant de l'Eſt que les vents peuvent le permetre.

Si l'on avoit des vents de S. E. & que la route vînt à valoir le N. E. on auroit connoiſſance de Samana; ainſi tenant le vent après avoir débouqué, il ne faut pas que la route prenne plus de l'E. que le N. E. ni moins que le N. ¼ N. E. 5ᵈ Nord.

I. ACKLIN. Les îles d'Acklin, de la Fortune & de Krooked, font réunies par un fond blanc qui les entoure entiè-rement; ce fond blanc ne s'étend pas à plus de demi-lieue de la côte dans l'Oueſt, & forme dans la baie,

à l'Oueſt de l'île d'Acklin, un mouillage où l'on eſt
très-tranquille.

L'île de la Fortune n'offre pas de mouillage, ſa côte
du N. O. eſt couverte d'un recif qui porte quelques
roches ſous l'eau, au large du fond blanc, ce qui la
rend dangereuſe à approcher. I. FORTUNE.

L'île de Krooked a un mouillage aſſez bon près de
l'îlot du débouquement, ſur ſa côte Oueſt. I. KROOKED.

Cette île forme, avec celle de la Fortune, une baie
profonde de 4 lieues, au fond de laquelle on trouve un
mouillage auprès de cinq îlots placés à l'extrémité d'une
pointe baſſe, appartenant à l'île de Krooked, leſquels
viennent ſe joindre à l'extrémité N. E. de l'île de la
Fortune : on peut jeter l'ancre par 10 juſqu'à 3 braſſes
dans l'O. N. O. de ces îlots, étant plus près de Krooked
que de l'île de la Fortune ; le fond eſt aſſez bon.

Dans l'Eſt de la pointe baſſe de Krooked, à peu de
diſtance des îlots, il y a un endroit où l'on peut faire
de l'eau douce.

Ces îles ſont bordées d'un recif dans le Nord & dans
l'Eſt ; elles ſont baſſes, avec de petits mondrains &
quelques lataniers & buiſſons qui, de loin, ont l'apparence de plantations & de boſquets ; la vue en eſt at-
trayante à 3 ou 4 lieues ; mais en approchant on ne voit
plus que des raquettes, des chandeliers & des lianes
rampantes, qui languiſſent ſur un terrein de roches &
de corail.

L'île de Krooked cependant eſt moins aride, & nourrit quelques arbriſſeaux.

. Ces îles ſont acores dans l'Eſt & bordées de recifs; la pointe Eſt de Krooked porte un recif à demi-lieue à l'Eſt; & la pointe d'Acklin qui n'en eſt éloignée que de deux milles environ, porte un recif au N. E. à la même diſtance, il ſe rapproche enſuite de la côte : dans la partie du S. E. l'île eſt toute acore & côte de fer.

I. SAMANA.   L'île de Samana eſt longue de l'Eſt à l'Oueſt, & très-étroite du Sud au Nord; ſa pointe Eſt eſt beaucoup plus Nord que la pointe Oueſt.

Elle eſt toute entourée d'un fond blanc, bordé d'un recif à la diſtance d'une demi-lieue environ; à la pointe Oueſt, le recif s'avance juſqu'à près d'une lieue au large.

Sous la pointe Oueſt de l'île, il y a une étendue d'une lieue de côte ſans recif; c'eſt un fond blanc ſur lequel on peut mouiller par 7 à 8 braſſes, mais extrêmement près de terre : aux acores du fond blanc on ne trouve pas de fond,

I. WATELIN.   Dans l'Eſt de l'île, il y a deux petits îlots éloignés de la côte environ une lieue & demie, ils ſont entourés de fonds blancs & de recifs. L'île eſt baſſe & offre le même aſpect que toutes celles de ce débouquement.

L'île Watelin eſt baſſe & entourée dans l'Eſt & au Sud d'un recif; la pointe du S. E. porte un haut-fond ſans recif, près d'une demi-lieue au large.

La partie Oueſt eſt ſaine & offre un mouillage ſur

des fonds blancs, mais toujours très-près de terre, comme à une encablure.

La partie du N. O. eſt couverte par deux ou trois îlots blancs, entourés de fonds blancs & de recifs qui s'étendent à l'Oueſt une demi-lieue, & viennent rejoindre la pointe du N. E.

On doit ne pas craindre les courans dans ce débouquement lorſque l'on a une jolie briſe; il eſt alors preſque nul, ce n'eſt que dans les temps de calme & de foible briſe, que l'on peut être porté vers l'Oueſt, mais lentement & ſi foiblement qu'on ne doit pas y faire attention dans un trajet auſſi court, & qui ſe fait preſque toujours vent largue.

Cependant dans les mois de Juin, Juillet & Août, où les calmes & les vents d'Oueſt foibles ſont communs: on reſſent des courans portant à l'Oueſt aſſez conſidérablement pour altérer la route; cet effet qui n'exiſte que dans ce ſeul débouquement, a pour cauſe particulière ſon voiſinage des placets très-étendus qui forment le canal de Bahama & ceux dès îles de la Providence. Dans cette ſaiſon lorſque la briſe ne permettra pas de faire deux nœuds à l'heure, on fera bien d'eſtimer la force des courans environ un quart de mille par heure, portant à l'Oueſt : toutes les fois que les vents ſeront aſſez forts pour faire plus de trois nœuds à l'heure, on peut négliger d'eſtimer la force du courant.

Du Débouquement des Cayques.

CE débouquement eſt le ſeul que l'on doive prendre en ſortant du Cap lorſque les vents ne ſont pas conſtamment de la partie de l'E. S. E. On courra toujours vent largue, ce qui eſt un grand avantage, & l'on s'éloignera de tous les fonds blancs au S. E. des Cayques que l'on eſt dans l'habitude d'aller reconnoître; cet atérage ſur les fonds blancs eſt très - mauvais & très - dangereux, tandis que l'on ne riſque rien à atérer quelques lieues ſous le vent de la petite Cayque.

Il faut, ſortant du Cap, faire valoir la route le N. $\frac{1}{4}$ N. O. 35 lieues, & l'on ſe trouvera à 2 lieues & demie dans le S. O. de la petite Cayque; alors on viendra au vent, d'abord juſqu'au Nord ſeulement, à cauſe des recifs de l'île de Sable, qui eſt dans le Nord de la petite Cayque, puis, juſqu'à faire valoir la route le N. $\frac{1}{4}$ N. E.

Ayant fait 5 à 6 lieues à cette route, on peut venir au vent juſqu'au N. E. ou faire porter, juſqu'à faire valoir la route le Nord ſans aucune inquiétude; & ayant fait à cette route 10 à 12 lieues, on eſt entièrement débouqué.

Si, étant à deux lieues dans le S. O. de la petite Cayque, les vents ne permettoient pas de faire valoir la route le N. $\frac{1}{4}$ N. E. & que la route ne pût valoir que le Nord; lorſque l'on aura fait 13 lieues ſans avoir connoiſſance de l'île de Mogane, le parti le plus ſûr,

ſi la

fi la nuit eft faite, eft de metre à l'autre bord, & courir
3 à 4 lieues au S. E. puis, remettre à l'autre bord, la
route valant le Nord ; on paffera 3 ou 4 lieues au vent
des brifans de la pointe Eft de Mogane.

Si, étant dans le S. O. de la petite Cayque, à 2 ou 3
lieues, les vents prenoient trop de la partie du Nord, &
ne permettoient pas de faire valoir la route le Nord, il
ne faut pas vouloir paffer au vent de Mogane, mais aller
chercher le canal entre Mogane & les îles Plates.

Pour cela, il faut faire valoir la route le N. O. 5^d
Nord ; ayant fait 18 lieues, on eft en vue de Mogane,
dont la pointe Oueft doit refter au Nord environ 2
lieues ; on ne court aucun rifque d'accofter cette pointe,
elle eft faine ; il y a un petit fond blanc qui ne porte pas
plus d'un mille au large, & fur lequel on trouve trois
braffes d'eau, prefque à toucher terre ; d'ailleurs cette
partie du Sud de Mogane eft affez élevée.

Lorfqu'on aura doublé cette pointe Oueft, l'ayant
amenée à l'Eft, on tiendra le vent jufqu'à faire valoir
la route le Nord, fi l'on peut.

A cette route, on paffera 3 à 4 lieues au vent de
Samana ; mais fi la route ne valoit que le N. $\frac{1}{4}$ N. O. après
avoir fait 12 à 13 lieues, & que la nuit vînt avant d'avoir
eu connoiffance de Samana, il faudroit alors mettre à
l'autre bord, courir 5 à 6 lieues, puis, reprenant la
bordée du Nord, la route valant le N. $\frac{1}{4}$ N. O. on paffera
à 3 lieues au vent de la pointe Eft des brifans de Samana,

I

Étant à deux lieues de la pointe Ouest de Mogane, si les vents ne permettoient que de faire valoir la route le N. N. O. ayant couru 6 lieues à cet air de vent, on auroit connoissance des îles Plates dans l'O. N. O. à 2 lieues ; alors, suivant la brise, on peut passer au vent ou sous le vent de ces îles : étant parvenu à une lieue & demie ou deux lieues au Nord ou au N. O. de la grande île Plate, on peut faire valoir la route le N. N. O. & le N. O. $\frac{1}{4}$ N. sans rien craindre ; ayant fait 12 à 15 lieues, on peut tenir le vent & l'on est débouqué.

Il ne faut pas venir plus au Nord que la route indiquée ci-dessus, à cause de l'île de Samana, dont la pointe des brisans à l'Ouest gît au N. N. O. de la plus Ouest des îles Plates.

I. PLATES. Les îles Plates sont très-basses, elles gisent dans le N. O. $\frac{1}{4}$ N. de la pointe S. O. de Mogane, à la distance de 8 lieues trois quarts ; on peut les ranger de très-près, le fond blanc qui les entoure étant acore dans la partie de l'Est, du Sud & du Nord. Au N. O. de la plus grande des deux, le recif s'alonge un peu, & il faut donner du tour à cette pointe. Dans la partie du S. O. on peut mouiller fur le fond blanc, mais très-près de la côte ; on y trouve un petit lagon d'eau douce qui n'est entretenu que par la pluie.

PETITE INAGUE. Sous le vent de la petite Cayque, est la petite Inague ; cette île est rarement vue par les navigateurs qui ne cherchent qu'à traverser promptement tout cet archipel,

Cependant on peut avoir quelquefois des vents de N. E. à mi-canal, entre la petite Cayque & la côte de Saint - Domingue ; & il eſt intéreſſant de connoître la côte Eſt de la grande Inague & la petite Inague.

La petite Inague gît à l'Oueſt, 8ᵈ Sud de la petite Cayque, à 9 lieues ; cette île eſt aſſez baſſe, & en tout reſſemblante à celles décrites plus haut : elle laiſſe un canal très-profond d'une lieue & demie entr'elle & la partie Nord de la grande Inague. Les deux côtés du canal ſont acores juſqu'à une encablure de terre.

On peut accoſter la petite Inague de tous les côtés, juſqu'à un mille de terre.

Il y a un petit recif à la pointe du S. E. mais il ne s'étend pas juſqu'à un mille ; à la côte du Sud, il y a des fonds blancs bordés de recifs, au pied deſquels on ne trouve pas fond à 40 braſſes.

Si l'on étoit forcé par les vents de paſſer près de la petite Inague, & que l'on fût parvenu à une ou deux lieues dans le N. E. de la pointe Eſt, on feroit valoir la route le N. N. O. 15 lieues, pour ſe trouver à 2 lieues au Sud de la pointe Oueſt de Mogane ; d'où l'on ſuivroit le débouquement décrit ci-deſſus.

La côte Eſt de la grande Inague eſt bordée d'un recif près de terre ; elle court N. N. E. & S. S. O. 6 lieues, puis elle vient à O. $\frac{1}{4}$ S. O. 9 lieues, joindre la pointe des Paille-en-culs, qui porte un recif à près de deux milles au large.

I ij

Partant du Cap, on trouve ordinairement les vents au S. E. ou à l'E. S. E. & près de la côte des courans qui remontent au vent, ce font deux motifs bien puiſſans pour engager à tenir la route au N. E. ou au N. N. E. afin de venir chercher les îles Turques ; mais fur les 10 à 11 heures du matin, le vent fe rapproche du Nord, quelquefois jufqu'au N. E. Étant alors à 5 ou 6 lieues de la côte, & les courans n'étant plus fenfibles, on doit néceſſairement aller attaquer les fonds blancs dans le Sud des Cayques. Tant de bâtimens ne viennent s'y échouer que par le defir de gagner 20 lieues au vent, ce qui eſt un objet de peu de conféquence comparativement à 1500 lieues de route & à un rifque évident.

Ce font ces confidérations qui m'engagent à recommander aux Navigateurs de fe déterminer, au moment de leur départ du Cap, à faire route directement pour la petite Cayque, ainfi qu'il a été dit ci-deſſus.

Débouquement des îles Turques.

CE débouquement eſt très-court & fort beau, mais on ne peut pas toujours le venir chercher directement ; en partant du Cap, il faut faire valoir la route le N. E. $\frac{1}{4}$ N. & fouvent les vents ne permettent pas de courir autant vers l'Eſt.

Pour aller chercher ce débouquement d'une manière aſſurée, il faut, au fortir de la rade du Cap, profiter de la brife de terre, pour s'élever dans le vent, & continuer la

(69)

bordée du Nord le temps convenable, afin de venir fur l'autre bord prendre bonne connoiffance de la côte de Saint-Domingue avant la nuit : le plus fouvent alors on aura la Grange dans le S. E. ou S. S. E. à 3 lieues environ; fi le bâtiment marche bien & que la brife foit fraîche, on pourra relever la Grange au Sud; enfuite faifant valoir la route le N. N. E. 25 lieues, on aura connoiffance de Sand-key, la plus Sud des îles Turques.

Il faut chercher à prendre connoiffance de cette île; cependant, fi s'étant élevé jufqu'à la Grange, on ne pouvoit pas faire valoir la route le N. N. E. il ne faudroit pas pour cela revirer; mais courir une bordée de 18 à 19 lieues, en s'élevant au vent: fi la route n'avoit valu que le N. $\frac{1}{4}$ N. E. ou le Nord, il ne faudroit pas dépaffer la latitude de 21$^\mathrm{d}$, afin de ne pas s'enfoncer fur le placet des Cayques.

Lorfque l'on approche de la latitude de 21$^\mathrm{d}$, il faut fonder fréquemment, fi c'eft la nuit; & fi l'on trouve fond, il faut auffitôt prendre la bordée du Sud; le jour étant venu on louvoyera, fi cela eft néceffaire, pour paffer au vent des fonds blancs.

On peut auffi virer de bord dès qu'on fe fait en latitude de 21$^\mathrm{d}$; mais, dans tous les cas, il ne faut pas vouloir dépaffer cette latitude pendant la nuit.

Les fonds blancs, dans cette partie, font très-vifibles; on trouve depuis 7 jufqu'à 14 braffes; depuis l'acore du Sud on peut entrer une lieue & même une lieue & demie, fans trouver moins de 7 braffes ; plus loin il y a des roches qui s'élèvent & ne laiffent pas plus de 3 braffes d'eau.

Pendant le jour, on peut courir au Nord, & fi l'on n'aperçoit point les fonds blancs en ferrant le vent, bientôt après on aura connoiffance des îlots au Sud des Cayques, ou de Sand-key, fi l'on eft plus au vent.

Il ne faut pas rifquer de venir attérer fous le vent des fonds blancs qui s'étendent au Sud d'un petit îlet de fable entièrement noyé à la pleine-mer, & fort difficile à apercevoir ; la fonde ne peut pas avertir, & l'on tombe fubitement fur 3 braffes d'eau.

Lorfqu'on fera parvenu à la vue de Sand-key, on fera valoir la route le N. $\frac{1}{4}$ N. E. & le N. N. E. & lorfque depuis le relèvement de Sand-key à l'Eft, à 2, 3 ou 4 lieues, on aura fait 8 à 10 lieues, on eft entièrement débouqué.

Dans le S. O. de Sand-key il y a un fond blanc qui s'étend jufqu'à une lieue & un quart ; mais on trouve deffus, depuis 7 jufqu'à 9 braffes, à un mille de la côte.

Dans ce débouquement il faut ferrer la côte des îles Turques, afin d'éviter un écueil nommé *Baffe-Saint-Philippe*, qui eft placé à la pointe du Nord-eft des Cayques.

Des Cayques.

LES Cayques font un amas de plufieurs îles & îlots qui renferment un fond blanc, en quelques endroits très-élevé, en d'autres ayant un braffiage affez confidérable.

On diftingue quatre îles principales ; favoir, la grande Cayque, la Cayque du nord, la Cayque du nord-oueft ou des Providenciers & la petite Cayque, elles forment un demi-cercle de l'Eft à l'Oueft, en paffant par le Nord ; elles font terminées, dans la partie du Sud, par un grand placet, où l'on trouve depuis 15 pieds jufqu'à 3 pieds d'eau.

La partie du Nord de ces îles eft entourée d'un fond blanc bordé d'un recif qui ne s'étend pas à plus d'une demi-lieue de terre : dans la partie du N. E. le fond blanc porte une pointe jufqu'à une lieue au large ; à fon extrémité eft un recif nommé *Baffe-Saint-Philippe*, ou la mer brife avec violence : à une encablure dans l'Eft & dans le Nord de ce recif, on ne trouve pas moins de 7 braffes.

Au Sud de ce brifan, le fond blanc fe prolonge dans le Sud, & fe rapproche infenfiblement de la terre ; on ne trouve pas moins de 4 à 6 braffes entre le recif & la côte de la grande Cayque, ce qui forme un paffage fûr dans un cas preffé.

La côte Eft de la grande Cayque, & la côte Oueft

de la petite, font faines & acores jufqu'à moins de demi-lieue de terre.

A commencer de la pointe Sud de la petite Cayque, il s'étend une chaîne de brifans dans l'Eft, à la diftance de 3 lieues; après quoi, cette chaîne de brifans s'abaiffe vers le Sud, pour rejoindre un îlot de fable bas & couvert de quelques buiffons; on le nomme *Caye-françoife*, il gît à 5 lieues de la pointe Sud de la petite Cayque, dans l'E. S. E.

Les recifs, depuis la Cayque-françoife, courent au Sud, 3 lieues & demie, jufqu'à un îlet de fable de vingt pas tout au plus d'étendue, & entièrement noyé au moment de la pleine-mer.

Toute cette partie du recif eft acore, & comme la mer y brife affez fort, on peut être averti de bonne heure; mais au Sud de l'îlet de fable, il n'y a plus de brifans, & l'on ne peut être averti de l'acore du placet, que par le changement de la couleur de l'eau.

Depuis l'îlet de fable, le placet court une petite lieue au Sud, enfuite au S. E. 3 lieues, puis il s'enfonce un peu dans le N. E. & fe prolonge au S. S. E. deux lieues, jufque par le travers des îlots du Sud, que l'on aperçoit environ une lieue en dedans du fond blanc; ces îlots font par la latitude de 21ᵈ 10′.

Depuis l'îlet de fable jufque par le travers des îlots du Sud, le placet eft très-dangereux. On n'aperçoit nulle terre, & l'on paffe fubitement d'une mer fans

fond,

fond, à 3 & 2 braffes d'eau ; la couleur de la mer peut feule faire apercevoir le danger que l'on court, & ce moyen n'eft pas toujours bien certain : l'habitude où l'on eft d'apercevoir fur la mer l'ombre des nuages qui donnent quelquefois l'apparence d'un haut-fond occafionne une fécurité & une confiance bien fouvent funeftes aux navigateurs. Aucun motif n'engage à approcher de cette partie du placet, & l'on fera bien de s'en éloigner.

Si, après avoir louvoyé plufieurs jours dans ces parages, on n'a eu connoiffance d'aucune terre, le plus fûr eft de ne pas s'élever la nuit au-delà de la latitude de 21^{d}, & d'attendre le jour ; fi on aperçoit un changement dans la couleur de l'eau, qui annonce des fonds blancs, & que l'on ne voie ni brifans ni terre, on fera certain d'être dans la partie de l'Oueft, & l'on arrivera auffitôt au N. O. & N. O. $\frac{1}{4}$ O. pour aller chercher la petite Cayque, & débouquer fous le vent de ces iles.

Si l'on voit les îlots du Sud dans la partie du Nord au N. O. on peut entrer fur les fonds blancs par 7 & 12 braffes, courir un bord ou deux pour s'élever au vent, & débouquer par le canal des îles Turques au vent des Cayques.

Depuis le moment où l'on peut apercevoir les îlots du Sud, le placet n'eft plus dangereux, & l'on peut s'avancer fur le fond jufqu'à une lieue & demie du

K

Sud au S. O. de ces îles ; on ne trouvera pas moins de 7 braffes, & prefque toujours de 9 à 11 braffes.

Depuis le plus Oueft des îlots du Sud, qui eft une lieue en dedans du placet, jufqu'au plus Eft, le placet court d'abord au Sud, 3 lieues, puis à l'Eft, 7 lieues, enfuite au Nord, 2 lieues, & s'arrondit en venant dans le N. O. 3 lieues, pour joindre un grand îlot qui n'eft qu'à deux milles de l'acore du placet.

Le canal entre les îles Cayques & les îles Turques, a 6 lieues dans fa moindre largeur, il eft bon & fans aucun danger ; on peut approcher les côtes des îlots de l'Eft & de la Cayque, fans rien craindre, jufqu'à une demi-lieue.

On peut louvoyer avec fûreté dans ce canal, dans lequel on n'éprouve pas de courant fenfible en n'approchant pas des côtes à plus d'une lieue & demie.

On trouve fur les fonds blancs, près la pointe Sud de la grande Cayque, un mouillage qui peut fervir de retraite à des bâtimens tirant jufqu'à 15 & 16 pieds d'eau ; il y a dans l'Oueft de cette même pointe, un lagon qui fournit de l'eau douce.

Le meilleur mouillage pour de petits bâtimens, eft celui que l'on trouve à l'Oueft de la Cayque du Nord, près la petite île des Pins, dans l'enfoncement confidérable que fait cette île avec la Cayque des Providenciers : en dedans des recifs qui bordent la côte, on trouve l'anfe

(75)

à l'eau, où l'on peut mouiller par 3 braffes, fur un fond blanc.

On y trouve de bonne eau, & c'eft en cet endroit que les Providenciers vont faire celle dont ils ont befoin.

On reconnoîtra l'entrée de cette baie en côtoyant les recifs, depuis l'enfoncement que fait la côte, après la pointe à l'Oueft des Trois-maries ou *Booby-rocks*. Lorfque l'on apercevra une grande étendue de fonds blancs en dedans des recifs, on mettra en travers, & l'on enverra un canot fe mouiller à l'entrée du paffage que laiffent les recifs : enfuite on viendra chercher le mouillage en fondant, fans craindre de ranger les brifans. Une fois en dedans du recif, on laiffe tomber l'ancre par 3 braffes : on peut entrer plus en dedans en fe touant ou en louvoyant avec précaution. L'entrée de la paffe n'eft pas à plus de demi-lieue ou deux tiers de lieue de la côte.

A l'O. $\frac{1}{4}$ S. O. de la pointe des Trois-maries ou *Booby-rocks*, eft la pointe du N. O. de la Caye des Providenciers. Le recif finit à cette pointe, que l'on peut ranger dans fa partie Oueft à un quart de lieue.

On peut mouiller à cette côte par 8 ou 10 braffes, mais il eft néceffaire de ranger la terre d'affez près pour être fur les fonds blancs, & relever au S. O. un morne coupé que l'on diftingue à un quart de lieue dans les terres ; alors on verra les fonds s'éloigner un peu plus de la côte, & laisser plus d'espace pour l'évitage du bâtiment.

A une lieue un tiers au Sud de la pointe du N. O., on trouve le commencement d'un recif qui part de la côte, & s'étend dans le S. O. $\frac{1}{4}$ O. à 2 lieues un quart ; ce recif est terminé par un îlet de sable presque noyé, qui gît au S. O. de la pointe du N. O. de la cayque des Providenciers, à la distance de 3 lieues.

Depuis l'îlet de sable, le recif rentre à l'Est, en s'arrondissant pour venir chercher la pointe Nord de la petite Cayque, qui est entourée de fonds blancs.

La petite Cayque gît au S. O. $\frac{1}{4}$ S. de la pointe N. O. de la cayque des Providenciers, elle est assez élevée & de couleur blanche ; on peut ranger sa partie du N. O. jusque sur les fonds blancs. La partie O. est absolument acore jusqu'à la pointe Sud, où l'on peut venir prendre mouillage sur les fonds blancs par 5 & 7 brasses.

Des îles Turques.

Il y en a trois principales, la grande Saline, la petite Saline & Sand-key : c'est sur cette dernière que l'on attère pour débouquer.

Ces îles sont acores dans la partie Ouest, & on peut les ranger de très-près ; il y a un fond blanc semé de roches, qui borde la côte jusqu'à un quart de lieue au large.

On peut mouiller à la grande Saline dans deux

endroits, l'un vers le milieu de l'île, vis-à-vis les cafes, & l'autre à la partie Sud de l'île : ces deux mouillages ne font pas fort bons. Il faut jeter l'ancre dès que l'on entre fur les fonds blancs, & veiller avec grand foin, pour éviter des roches qui s'élèvent jufqu'à ne laiffer que 8 à 10 pieds d'eau ; on laiffe tomber l'ancre fur l'acore du fond blanc, & en filant un demi-cable, le bâtiment fe trouve en dehors du fond. Dans la partie du Sud de la grande Saline, le mouillage eft plus étendu, & l'on trouve fur la pointe près laquelle on mouille, un lagon d'eau douce affez bonne pour les beftiaux.

Sand-key, fur qui l'on attère ordinairement, porte un fond blanc jufqu'à une lieue un quart au S. O. on y trouve 10 & 15 braffes, le fond diminue doucement jufqu'à 5 braffes à une demi-lieue de terre.

Dans l'Eft de ces îles, il y a plufieurs îlots qui y font joints par des fonds blancs, fur lefquels il refte peu d'eau : ces îlots font acores dans la partie de l'Eft, & entourés d'un fond blanc qui s'étend dans le Sud-oueft, & vient rejoindre celui au Sud de Sand-key.

Du Mouchoir carré.

CE haut fond eft très-dangereux, & a beaucoup plus d'étendue qu'on ne lui en a donné jufqu'à préfent ; il gît au S. E. $\frac{1}{4}$ E. du Monde de Sand-key à la diftance de fept lieues.

Sur l'acore du fond blanc, dans l'O. S. O. du Mouchoir carré jufque dans le S. O. on trouve de 11 à
14 braffes.

A l'acore du Nord-oueft, il y a une caye fur laquelle
il ne refte que 8 à 10 pieds d'eau.

Depuis cet écueil les fonds s'étendent à l'E. $\frac{1}{4}$ N. E.
7 lieues & demie, jufqu'à une baffe où la mer brife avec
force : il eft naturel de penfer que toute cette partie eft
acore & femée de cayes fous l'eau, qui en rendent
l'approche très-dangereufe.

Dans la partie du Sud & du Sud-oueft, les fonds
avertiffent, on trouve de 10 à 15 braffes; mais auffitôt que l'on voit le fond, le plus fûr eft d'arriver pour
paffer fous le vent, à moins qu'étant à l'acore de l'Eft,
on n'aperçoive la fin des fonds blancs, & qu'on puiffe
les doubler au vent après avoir couru un bord.

Étant entré, le 3 Juin 1785, à fix heures du matin,
fur les fonds blancs du Mouchoir carré, par l'acore du
S. O. trouvant de 11 à 14 braffes, fond de caye & uni,
courant au plus près, le cap au N. N. E. à 7 heures
50 minutes, la fonde venant de rapporter 14 braffes, on
aperçut de l'avant du bâtiment, un peu au vent, un
fond plus élevé; on arriva auffitôt, mais il ne fut pas
poffible d'éviter la caye, & le bâtiment fe trouva
échoué par 9 pieds d'eau. Cet évènement peut fervir
à démontrer combien il feroit dangereux de s'expofer

à courir fur ces fonds blancs : en fortant de deffus cette caye, prefque à pic de fon acore du Nord-oueft, la fonde n'a pas rencontré le fond à 40 braffes. Cette caye eft fituée par la latitude de 20ᵈ 59′ 40″, & par 73ᵈ 18′ de longitude.

De la Caye d'Argent.

CE haut-fond a plus d'étendue que le Mouchoir carré ; la pointe la plus Sud gît par la latitude de 20ᵈ 13′, & la partie la plus au Nord par 20ᵈ 32′ ; c'eft un fond très-blanc en plufieurs endroits, fur-tout dans la partie du Nord, & très-brun particulièrement dans la partie du Sud & du Sud-eft.

La partie du Nord & N. N. O. a des cayes élevées, où il ne refte pas plus de 8 à 9 pieds d'eau & peut-être moins ; mais il paroît que ces cayes ne font pas dans cette partie précifément à l'acore.

Suivant le rapport d'un capitaine marchand, commandant une goëlette tirant 9 pieds d'eau, il fe trouva échoué fur les Cayes-d'argent en rembouquant, ayant fait près d'un mille au Sud-oueft fur des fonds très-blancs.

L'acore de l'Eft ou plutôt du N. E. eft très-dangereux, on y trouve trois cayes fur lefquelles il ne refte que 10 à 12 pieds d'eau, environ une encablure en dedans de l'acore.

La partie Eft de la Caye-d'argent a été reconnue &

fondée, en 1753, par M. le comte de Keruforet, commandant la frégate l'*Émeraude* : en fuivant les détails de
la route qu'il a parcourue, & affujettiffant aux longitudes
maintenant bien connues, les routes, les fondes, les
relèvemens & les latitudes qu'il a déterminés, il fe trouve
un accord fi parfait, qu'il ne refte rien à defirer fur l'exac-
titude de la pofition de la partie Eft de cet écueil.

Le côté de l'Oueft eft fain, il y a grand fond ; mais
environ une lieue & demie dans l'Eft, le fond diminue
& l'on aperçoit dans le N. E. des fonds très-élevés.

En général, on ne doit jamais fe hafarder à courir
fur ces fonds blancs, où l'on paffe fubitement de 14
braffes d'eau à 10 pieds. Lorfque, fans s'en douter, on
fera entré fur ces fonds, le meilleur parti à prendre eft
de fortir par où l'on eft entré, & d'arriver enfuite en
les côtoyant.

Si l'on étoit obligé, par quelque circonftance de
venir chercher le débouquement dans le canal entre
la Caye - d'argent & le Mouchoir carré, il faudroit,
partant du Cap, que la route put valoir le N. E. $\frac{1}{4}$ E.
& l'E. N. E.

Les vents permettant de faire cette route, on paffera
à mi-canal ; mais fi l'on étoit obligé de louvoyer, &
que l'on ne voulût pas reconnoître la côte de Saint-
Domingue, une fois que l'on croiroit être parvenu par
la longitude de 72^{d} 40', il ne faudroit pas dépaffer la
latitude de 20^{d} 25' fans fonder très-fréquemment : fi l'on

parvient

parvient à 20ᵈ 35′ sans avoir trouvé fond, on n'a plus rien à craindre de la Caye-d'argent ; il ne faut plus songer qu'à éviter le Mouchoir carré, qui n'est pas dangereux dans le Sud, le fond avertissant par 10 & 15 brasses.

On continuera à s'élever à l'Est, & parvenu à la latitude de 21ᵈ 5′, on sera débouqué entièrement.

La Caye-d'argent a 11 lieues de l'Est à l'Ouest, & 7 lieues du Sud au Nord dans sa plus grande dimension; la partie la plus Ouest est Nord & Sud du Vieux-cap.

Le Mouchoir carré & les Cayes-d'argent, gisent S. E. & N. O. le canal entre ces deux écueils est très-sain: il a 14 lieues de largeur.

On éprouve à l'acore des haut-fonds, des courans foibles qui suivent assez ordinairement la direction de leurs contours.

Sur le Mouchoir carré, ils font peu sensibles : dans la partie du S. E. de la Caye-d'argent on les éprouve plus sensiblement portant à l'Ouest & au Nord - ouest, mais à une petite lieue des fonds, on ne ressent plus leur effet.

En général, on ne doit pas avoir égard, dans l'estime de la route, aux foibles courans qui existent dans ces parages, ils ne font nullement à craindre.

F I N.